# 菊花品种DUS测试
# 操作手册 （北京）

杨 坤 付深造 任 君◎主编

中国农业出版社

北京

图书在版编目（CIP）数据

菊花品种DUS测试操作手册：北京 / 杨坤，付深造，任君主编. -- 北京：中国农业出版社，2024.10.
ISBN 978-7-109-32609-5

Ⅰ. S682.102.3-62

中国国家版本馆CIP数据核字第20246SH683号

菊花品种DUS测试操作手册（北京）
JUHUA PINZHONG DUS CESHI CAOZUO SHOUCE (BEIJING)

中国农业出版社出版

地址：北京市朝阳区麦子店街18号楼

邮编：100125

责任编辑：闫保荣

版式设计：小荷博睿　　责任校对：吴丽婷

印刷：中农印务有限公司

版次：2024年10月第1版

印次：2024年10月北京第1次印刷

发行：新华书店北京发行所

开本：700mm×1000mm 1/16

印张：9.5

字数：156千字

定价：128.00元

## 编写组成员名单

### 主　编

杨　坤　付深造　任　君

### 副主编

王宁宁　吴朝标　李嫒嫒

### 编写组成员

杨　坤　付深造　任　君　王宁宁
吴朝标　李嫒嫒　张　昭　房　建
陈思超　王子政　王文英　王　鑫
刘泽淼　许艳丽　董锦翔　王红尧
张皓文　杨馨悦

《菊花品种DUS测试操作手册（北京）》

适用于切花菊（温室栽培）、地被菊（露地栽培）。

切花菊（温室栽培）

地被菊（露地栽培）

本手册由中国农业科学院蔬菜花卉研究所、农业农村部植物新品种测试（北京）分中心于2024年4月10日编制。

我国于1997年发布的《中华人民共和国植物新品种保护条例》明确规定，经过人工培育的或者对发现的野生植物加以开发，具备新颖性、特异性、一致性和稳定性并有适当名称的植物品种可以授予植物新品种权。1999年，我国加入国际植物新品种保护联盟，正式实施植物新品种保护制度。20余年来，我国植物新品种的保护得到了快速发展，合理地保护了育种者的权益，为我国农民增收和粮食安全做出了重大的贡献。

1999年6月16日发布的《中华人民共和国农业植物新品种保护名录》（第一批），将菊属纳入其中。根据农业农村部科技发展中心官网查询结果，自2001年开始有菊花品种申请植物新品种权，截至2022年底，申请总数为1 047个。我国菊花品种DUS测试主要由农业农村部植物新品种测试（北京）分中心（以下简称北京分中心）和农业农村部植物新品种测试（昆明）分中心（以下简称昆明分中心）等测试机构承担，北京分中心于2008年开始进行菊花品种DUS测试。2008—2015年共测试菊花申请品种数量63个。2016—2022年共测试菊花申请品种数量526个。为了提高菊花品种测试技术的专业性和稳定性，确保菊花测试流程的规范性，增强菊花品种测试数据的可靠性和准确性，保证菊花测试品种的准确描述，本书通过对菊花测试的原理及方法进行研究，结合菊花测试指南和北京分中心多年的菊花测试经验，对菊花品种申请、测试流程和影响测试结果的技术要素进行了详细阐述，为准确判定菊花品种的特异性、一致性和稳定性提供翔实的理论依据和有力的技术支持，更好地推动菊花新品种保护事业的发展。

本书共分为八章，主要内容包括菊花基本信息介绍，菊花育种、保护、测试现状，植物新品种保护与测试流程，DUS测试基本原理，菊花品种DUS测试试验管理流程，菊花品种DUS测试基本性状观测说明，菊花品种DUS测试特异性照片拍摄及说明，数据分析、测试报告、不合格品种处理程序等内容。本书提供了大量的技术照片，能更加清晰且直观地解释菊花品种DUS测试性状及特异性。本书的可操作性强，能为菊花新品种选育、测试、审查和品种管理等相关人员提供重要参考。

本书由北京分中心相关人员编著，同时参考借鉴了国内外相关专家的著作及文献，在此一并表示衷心的感谢。由于编著者的水平有限，难免存在疏漏及不当之处，望读者批评指正。

编　者

2024年6月

# 目录·

# 第二篇　菊花品种DUS测试技术

Chapter 1

# 第一篇

## 总　　论

# 第一章

## 菊花基本信息介绍

### 一、 菊花植物学知识介绍

菊花（*Chrysanthemum ×morifolium* Ramat.），又称为鞠、黄花、菊华、秋菊（孙文松，2013），在植物分类系统中被划归为菊科、广义菊属（戴思兰等，2002），为多年生宿根性的草本植物（戴思兰等，2002；孙文松，2013）。菊科植物是现在存在的被子植物中最进化的类群，而菊花又被认为是菊科植物中一个独特的栽培类群（戴思兰等，2002）。菊花的株高一般为30～150cm，茎秆是直立的或是半匍匐的，茎的颜色呈现绿色至紫褐色，形状呈现出四棱形或圆柱形。菊花叶面颜色呈现出绿色至深绿色，叶的形状呈现出卵形至披针形，长度为4～12cm，宽度为2～10cm，叶边缘为羽状，浅裂或是半裂（孙文松，2013；戴思兰等，2002），叶裂基部会呈现出锐角或是圆形，裂片具有粗的锯齿（孙文松，2013），有短叶柄，有时会存在托叶，叶下面覆盖着白色的柔毛（戴思兰等，2002）。菊花自然花期是5～12月（孙文松，2013），多数为9～10月，室内盆栽的菊花在11月的上旬和中旬能达到观赏的最佳时期，这主要是因为菊花是典型的短日照植物，一般情况下，当日照时长低于临界值时花芽便开始分化（戴思兰等，2002）。菊花花型圆整，花色呈现为白色至深紫色，花径为2～20cm（孙文松，2013），头状花序异型，单生茎顶、少数或较多数在茎的顶端排列成伞房状或是复伞房状花序，盘心管状花和辐射状的舌状花，花柱的顶端分叉，花药的基部无尾，并且聚合生长在花柱的外面，花粉粒的表面有刺，花托没有托片，舌状花大多是不同颜色的雌性花，管状花是黄色的两性花。舌状花的颜色、数量、指向、形态和其管状化的程度是菊花最有魅力的地方，也是园艺分类的重要指标（戴思兰等，2002）。菊花是天然的异花授粉植物，自交不亲和，种子繁殖的后代会出现较多变异，与近缘野生种间也会发生种间杂交（戴思兰、陈俊愉，1996），菊花单株上往往也会出现芽变，这使得菊花品种丰富多彩。菊花也经常会从地茎基部萌生出生命力很强的脚芽，这些脚芽是菊花更新繁殖的主要部位（戴思兰等，2002）。

## 二、菊花的起源及发展

菊花是世界上最早的观赏植物之一，也是四大切花之一（孙文松，2013），同时是中国的十大传统名花之一，是集文化价值、科学价值和经济价值于一体的名品花卉（戴思兰等，2002）。

### （一）菊花在中国历史上的发展

菊花起源于中国，在中国可以进行考证的古典文献中，有关菊花的最早的文字记载始见于先秦时期的《周礼》一书："鸿雁来宾，爵（雀）入大水变蛤，鞠（菊）有黄华"，"鞠"就是指开黄色花的小菊（薛守纪，2004），至今已有3 000年的历史（张树林，2001）。从魏晋开始，菊花已经普遍种植（孙文松，2013），2 500多年前的《礼记·月令篇》中"季秋之月，鞠有黄华"（古今图书集成）记载了菊花，在当时，菊花还是属于野菊的范围，到了东晋的陶渊明始，才能真正把菊花称之为观赏用的栽培菊花，至今已经有1600余年（李鸿渐、邵健文，1990），自有文字记载以来，从野菊到栽培的家菊，是菊花发展史上的一个重要里程碑（张树林，2001）。唐代栽培菊花得到初步发展，菊花的栽培现象已经非常普遍，当时除了黄色外，又出现了白色和紫色的菊花（张树林，2001）。宋代在中国菊花整个发展史上属于全盛时期，开始由田园栽培向盆栽发展，栽培技术日趋完善，在此时期出现了至今仍然被人们当作珍贵品种的绿菊和墨菊，包括重瓣和托桂品种（苏江硕等，2022）。宋代也是菊谱编纂的奠基时期，刘蒙写的《刘氏菊谱》是历史上第一部艺菊专著，全书共记载了35个菊花品种，标志着菊花的栽培已经进入了全盛时期，后来又陆续出现了很多有关菊花品种的专著，史正志的《史氏菊谱》中共记载28个菊花品种；范成大的《范村菊谱》中共记载35个菊花品种；沈竞的《菊谱》中共记载90个菊花品种；史铸的《百菊集谱》中共记载160多个菊花品种，史铸的《百菊集谱》是对前人所著菊谱的整理和补充，因此到南宋末年，中国菊花的品种数量不会少于160个（陈俊愉，2012）。从宋朝开始，我国菊花品种开始进行展览（张树林，2001）。元代有关菊花的文献不多，其中杨维桢的《黄华传》中共记载了163个菊花品种（陈俊愉，2012）。明代随着栽培技术的进步，菊花品种数量逐渐增多，黄省曾的《艺菊书》中记载了220个菊花品种，高濂的《遵生八笺》中记载了185个菊花品种，明代的王象晋的《群芳谱》，按照花色的不同、花期的分类，记载了274个菊花品种，光新品种就有208个，至明末，菊花新品种增加的数量不会少于300个（陈俊愉，2012）。清代有关菊花的专著为20余部，品种数约为800个，新增加品种数约为500个，其中陈淏子的《花镜》中记载了154个菊花品种，新品种为57个，汪灏《广群芳谱》中记载的菊花品种192个，新品种为40个（陈俊愉，2012），叶天培在《叶梅夫菊谱》中对菊花育种方法进行了详细描述，记载了在旧谱中没出现过的名菊品种145个，使其成为我国乃至世界上最早的菊花育种专家（张树林，2001）。民国时期，虽然当时的国情对菊花发展影响较大，但仍有人辑入了一些古人的菊花专著，如许衍灼的《春晖堂菊说》、缪谷瑛的《由里山人菊谱》等（陈俊愉，2012）。新中国成立后，我国菊花的发展逐渐恢复，1958年在杭州的菊展上有900多个品种参与展出，1963年在上海有1 200个菊花品种，北京北海公园有1 381个菊花品种（陈俊愉，2012）。

综上所述，我国菊花作为观赏植物，始于晋、唐，盛于宋，其后的明朝和清朝也有较大的发展。新中国成立后，随着科学技术的进步，我国菊花产业快速发展，在育种、栽培技术等方面的研究工作取得了举世瞩目的成就（李鸿渐，1992）。

### （二）菊花起源的研究

中国既是菊花的起源中心也是菊属种质资源的分布中心，菊属有40余个种，分布在中国的就有20余个种（李辛雷、陈发棣，2004）。

从20世纪50年代开始，很多学者尝试用不同的方法来研究菊花的起源，截至目前，在一些观点上面已经达成了共识（戴思兰等，2002）。在近60年以来，陈俊愉带领研究小组，利用比较形态学、细胞学、分子生物学对野生种和种间杂交种进行了研究，从多方面对菊花的起源进行探讨。研究者首先对菊属植物存在的广泛种间杂交现象进行了关注（戴思兰等，2002）。1957年，我国学者陈封怀指出菊花刚开始是在晋代进行栽培，在长江流域品种形成，菊花起源的原始种属于中国的三种野生菊：野黄菊、紫花野菊、毛华菊（陈俊愉，2012）。1962年，陈俊愉和梁振强利用小红菊（*C. chanetii*）与尖裂野菊（*C. indicum* var. *acutum*）进行了正反交，培育出白花、大花、复瓣的北京菊，该菊与陶渊明时代的九华菊很接近，这是国人第一次人工杂交培育出菊花的F1代植株（陈俊愉，2012）。1964年，陈俊愉和梁振强又利用人工杂交的方法获得数株人工合成菊，这充分验证了栽培菊花杂交起源的假说（陈俊愉、梁振强，1964）。1983年，李懋学等利用细胞学的方法对部分原产于中国的野生菊和栽培菊花进行了观察，得出栽培菊花的染色体数目在54～71，绝大多数为6倍体、非整倍体（菊花染色体的基数是9）。由此，主张栽培菊花是由6倍体的野生菊进化而来的（李懋学等，1983）。20世纪90年代初，陈俊愉指导自己的博士研究生戴思兰对中国栽培菊花的起源进行了系统的研究，他们通过利用分支分类学、数量分类学、分子系统学等新技术（戴思兰，1994），提出了现代的栽培菊主要起源于6倍体的毛华菊和4倍体的野黄菊，杂交产生5倍体杂种，其后紫花野菊、甘菊、菊花脑等参加杂交或通过种质渗入而起进化作用，这是到目前为止，有关菊花起源研究的最新成果（张树林，2001；陈俊愉，2012）。

## 三、菊花的传播

### （一）中国菊花传入日本

盛唐时期，中国菊花传到日本，这是我国菊花首次传至他国（陈俊愉，2007）。在中国菊花传到日本以后，很受欢迎，曾当过日本国徽的图案（孙文松，2013）。后来我国菊花向西方传播，日本成为中间站。

### （二）中国菊花传入荷兰

1689年，荷兰作家雅各布·白里尼（Jacob Breynius）记载了荷兰商人从中国引种有黄、红、白、紫、深红和古铜色等6个花色品种的菊花，这是多数学者认可的菊花首次由中国传入荷兰的证据（Spaargaren，2022）。

### （三）中国菊花传入法国

1789年，法国商人皮埃尔·路易斯·布兰卡德（Pierre Louis Blancard）把我国的3个菊花品种带走，其中只成活了开紫花的大复瓣花的品种（陈俊愉，2007）——'old Purple'（陈俊愉，2012）。

### （四）中国菊花传入英国

'old Purple'出现之后的几年，一位声望很高的巴黎园丁将这种颜色为紫色的菊花送到了英国皇家植物园丘园；M. Thoin又把1792年出现的白色菊花送到了丘园；1795年，菊花第一次在英国开放（陈俊愉，2012）。1843年，英国植物学家罗伯特·福琼（Robert Fortune）又从中国、日本引入满天星小菊等菊花品种（陈俊愉，2007）。

### （五）中国菊花在其他国家的传播

1711年，中国菊花'九种'开始在德国种植（刘慎谔，1933）。1836年，中国菊花传入了澳大利亚塔斯马尼亚岛，1855年，传入了维多利亚，1890年传入新西兰，大约在19世纪后期，菊花从英国传到美国，又从美国传到其他国家（陈俊愉，2012）。至此，中国菊花就传遍了全球。

## 四、菊花的品种分类

菊花在我国最早是作为食用和药用进行栽培的，在《本草经》中就将菊花分为两类：真菊和苦薏，这是最早也是最原始的菊花分类。东晋以后，菊花颜色增多，那时分类的主要依据是花色，宋朝也是以花色归类，对花型有了详细的描述，明、清两代菊花品种的分类沿用的基本上也是宋朝的方法（刘雪霞，2010），此时随着菊花品种的增加，在一些菊花专著中花型的概念已基本形成（张树林，1965）。

古代分类方法并不系统全面。自20世纪40—50年代，我国学者开始对菊花品种进行全方面的、系统的调查以及整理（杨秋等，2007）。1983—1990年，南京农业大学的李鸿渐教授对全国菊花品种资源的调查最系统，收集到超过6000个编号，后经过整理后，得出我国现在有超过3000个菊花品种（李鸿渐、邵健文，1990）。具有代表性的分类方案有以下几个：1963年，汤忠浩提出四级分类方案，分为2区、2花型、7瓣型和30个花型（汤忠皓，1963）。1965年张树林提出三级分类方案，分为2系统、3瓣型、25花型（张树林，1965）。1982年，中国园艺盆景学会菊花品种分类学术讨论会，将花型、花瓣作为主要分类的依据，提出了三级分类方案，分为5个瓣类，包括30个花型和13个亚型（观赏园艺卷编委会，1990）。1990年，南京农业大学李鸿渐教授主要依据花序、花瓣、花型、花色的不同，将3000个品种分为2系、5类、42型、8色系。根据花序大小不同分为小菊（A）与大菊（B）两系，根据花瓣的种类不同分为5类（平瓣、匙瓣、管瓣、桂瓣和畸瓣），再根据花序上花瓣组合及伸展姿态的不同分为42个花型（小菊4型、大菊38型），最后根据花色的差异分为8个色系（黄色、白色、绿色、紫色、红色、粉红色、双色和间色）（李鸿渐、邵健文，1990）。

现今，我国根据用途将菊花可分为四大类，包括药用食用菊花品种群、传统菊花品种群、小菊品种群、切花菊品种群。其中，传统菊花品种群的品种是经历很多年形成的非常庞大的观赏菊品种群，是中国菊花中很耀眼的品种群，品种丰富，有30多个花型，在栽培技艺上也有其独特的地方，有'独本菊''多头菊''大立菊''塔菊''悬崖菊''盆景菊''案头菊'等；小菊品种群的品种具有抗旱、耐涝、抗寒特性，可在露地种植，此类品种植株矮小，株形紧凑，颜色鲜艳，是布置花坛、花境特别好的材料；切花菊品种群花形多种多样、色彩非常丰富、耐运输、耐贮藏、易繁殖栽培（张树林，2001）。

在我国，还可依据品种的演化关系为主，实用、形态差异为辅对菊花进行分类。首先，演化关系呈现的是由低级到高级；比如小菊系，就是野菊种源组成中的菊花栽培杂种复合体；大中菊系就是通过人工连续选择的大花型以及毛华菊种源组成的结果。其次，是沿筒状花进行演化或者沿舌状花进行演化来分类，划分出不同类的品种界限。头状花序是由中央筒状花和四周舌状花组成，花序演化进程中，小花（瓣型）的不同以及排列组合的不同，是按形分类的主要依据，花瓣演化出畸瓣、匙瓣、管瓣、平瓣等，而各瓣中又有毛刺、粗细、钩环、长短、宽窄、曲直之分，花瓣的排列组合常见的包括飞舞、聚抱、散驰、外翻、悬垂、内卷、平叠、四射等，这些特征构成了各种不同的花型，成为观赏菊分类的重要标准（杨真、李海涛，2016）。

在国外，依据实用性进行分类，比如日本把菊花分为观赏、食用两类，观赏菊又根据花头的大小分成三类，其中大菊系的品种包括20个花型。英国国家菊花协会，根据花期把菊花分为早花种、10月露地开花种、晚花种3类，在各类别下又根据花型分成10组，总共30组（杨真、李海涛，2016）。

《GB/T 19557.19—2018 植物品种特异性、一致性和稳定性测试指南 菊花》（以下简称"菊花测试指南"）中技术问卷规定，根据生产目的可将菊花分为切花菊（切花大菊、切花小菊）、盆栽菊（盆栽小菊、传统品种菊）、地被菊；根据用途可将菊花分为观赏菊、食用菊、药用菊；根据植株类型可将菊花分为丛生、非丛生；根据自然花期可将菊花分为春夏菊、夏秋菊、秋菊、寒菊（王江民等，2018）。

## 五、国内外种植现状及产值

菊花品种数量很多、资源丰富，目前菊花已经是世界花卉产业中产值以及产量都位居前列的重要商品花卉。根据国际园艺生产者协会（AIPH）2018年统计的数据，全世界切花菊的种植面积已经达到3万hm²，中国大约能占到23%，排在世界第二位（苏江硕等，2022）。

据农业农村部统计，2020年全国主要花卉产销情况，我国菊花种植面积为7 987.48hm²，销售量为320 390.07万支，销售额为209 985.68万元。

# 第二章

## 菊花育种、保护、测试现状

### 一、菊花育种情况介绍

中国古人在菊花育种上做出了三点重要贡献：①发现并对天然种间杂交种进行引种；②在世界上最先掌握了利用（天然）杂交结合人工选择和培育三项措施，获得了大量的类型不同、花色各异的菊花品种；③人工栽培，不断地选育出各种新品种，使一些珍稀类型能一直保留到今天（陈俊愉，2007）。现将菊花育种方法介绍如下。

#### （一）引种

引种地区的生态条件与原产地的生态条件相似或能人工创造两地相似的环境条件即可实现引种。我国菊花早期就开始向国外传播；自1985年以来，我国陆续从国外引进'铺地荷花''铺地雪''金不换''美矮黄''乳荷'等新品种进行栽培（王丽君、王彩君，2007）。自1999年我国实施植物新品种保护制度以来，国外菊花品种得以快速引入中国栽培。

#### （二）自然授粉育种

菊花是天然异花授粉的植物，不同的品种间能发生天然杂交，这是很简单的一种方法，当有很多种类型的品种放在一起栽培时，花粉混杂，结实率高，新的类型比较容易出现，再通过对后代播种栽培，进而选取优良单株（王丽君、王彩君，2007）。自然授粉一般母本是明确的，但父本却是未知的（朱明涛、贾丽，2011）。从1986年开始，农业部在"七五""八五""九五"科研规划中安排了"切花菊新品种选育"的课题，由中国农业大学、南京农业大学、西南农业大学及辽宁农业科学院等单位承担；其间，南京农业大学以'七月红'和'台红2号'为母本，分别培育出了切花实生新品种'橙红小菊'和'黄河船夫'（朱明涛、贾丽，2011；刘金勇，2004）。2014年，颜津宁用自然授粉的方法选育出的新品种'辽菊924'属于地被菊，该品种很适合北方寒冷地区的绿化和造景（颜津宁等，2014）。2021年许建兰等育成的新品种'钟雪'是首先通过母本'红垂枝'和父本'菊花桃'杂交，后代选择单株后，再通过自然授粉选育而成的（许建兰等，2022）。2022年开封市农林科学研究院从'北京紫小菊'自然授粉的后代中选育出'汴京庆典黄'菊花新品种（赵艳莉等，2022）。

### （三）人工杂交育种

人工有性杂交是非常传统且经典的育种方法，也是菊花新品种选育最主要、最有效的育种方法，可在1～2年内获得大量的后代，通常4～5年内有可能会育成无性系新品种。目前大多数菊花品种的选育方法都是人工杂交育种（NEGISS，1984）。20世纪60年代，北京林业大学把早菊和野菊进行了远缘杂交，育成了'红岩'等13个新品种（李辛雷、陈发棣，2004）。从1985年开始，北京林业大学陈俊愉等开始了地被菊的育种工作，母本用的是早菊和'美矮粉'等，父本用的是毛华菊、小红菊、甘野菊、野菊、紫花野菊等种类，多次远缘杂交后及选育，在后代中选育出了一批植株紧密、低矮、观赏价值高且抗性强的地被菊（王彭伟、陈俊愉，1990），使我国菊花类群变得更加丰富。从1986年起，李鸿渐等用常规杂交育种方法对切花菊进行了新品种选育，共选出了15个切花菊新品种（李鸿渐等，1991）。1987—1991年，上海花木公司通过杂交育种方法育成'荷花''秋思''艳青''晚霞'等切花品种（卢钰等，2004）。1997年，英国的萨顿种子公司用菊花、野菊杂交育成了悬崖小菊（Boase et al.，1997）。安阳市园林绿化科研所于2004年育成'洹水桂月''洹水遥夜'，2006年育成'洹水紫霞'，2007年育成'洹水紫桂'（陈琳、李晓峰，2012）。2010年，Sun等将低耐旱性优良观赏品种雨花星辰与具有耐旱性的野菊进行杂交，获得了6个耐旱性增强的杂交品种（Sun et al.，2010）。2013年，Zhu等培育了菊花'Maoyan'和黄花蒿的杂交品种（Zhu et al.，2013）。此后几年，杂交育种成为菊花新品种选育的主要方法。2018—2022年，随着新品种保护制度的加强，杂交育种方法育成品种数量得到大幅提升，占比达97.6%，切花菊占比46.2%、盆栽或地被菊占比43.9%，而传统大菊与功能性菊花品种较少（苏江硕等，2022）。

## （四）芽变育种

菊花易发生芽变，这使芽变育种成为可能。芽变可以在个别枝上或某一枝段或某个脚芽发生，如果发现优良的芽变，可用无性繁殖的方法将芽变进行保存，使之成为新的品系（王丽君、王彩君，2007）。1993年，天津水上公园利用芽变选种得到新品种数达到37个，其中有名的优良菊花品种'金龙现血爪''玉凤还巢'等都是芽变品种（卢钰等，2004）。2001年正定文物保管所培育的'龙凤巢'是由传统品种'凤凰振羽'芽变而来（王雅君，2008）。2008年，浙江省桐乡市农业技术推广服务中心与南京农业大学中药材研究所从发现的早小洋菊的优良芽变株系中选出的优良芽变，并从中选育出了可以药食兼用的新品种'杭白菊1号'（周建松等，2009）。2009年，该中心又与浙江中信药用植物种业有限公司在同样的芽变株系中选育出药食兼用的新品种'金菊2号'（周建松，2010）。2013年，妙晓莉从平瓣红色小菊'意大利红'的变异群体中选育出了管瓣红紫色的新品种'胭脂露'（妙晓莉等，2013）。2013年仲恺农业工程学院花卉研究中心从'双色紫'的优良芽变中选育出了新的切花品种'缤纷'，该品种属于秋菊（周厚高等，2015）。2014年开封市农林科学研究院利用自然芽变育种，选育出了'汴梁彩虹'和'汴梁黄冠'两个新品种（赵艳莉等，2016）。

## （五）组织培养育种

组织培养育种主要是通过原生质体的培养、体细胞的遗传变异、体细胞杂交和单倍体的诱导与利用等各种途径来实现（皮伟，2004）。利用组织培养，可以打破种属之间的界限，克服远缘杂交的不亲合，从而获得单倍体、三倍体、多倍体、非整倍体等多样的材料（王丽君、王彩君，2007）。20世纪后半叶，植物的组织培养技术迅速发展，嵌合体花色的分离在菊花育种上应用得比较成功（卢钰等，2004）。1983年，裴文达和李曙轩利用菊花花瓣组织培养，培育出了3个新的类型（裴文达、李曙轩，1983）。2004年，卢钰等提到上海园林科学研究所曾用'金背大红'品种（花瓣上红、下黄的）已经显色的花瓣来当作外植体进行组织培养，后其再生的植株开出了不同颜色的花（卢钰等，2004）。

## （六）辐射育种

虽然辐射育种的随机性很强，但对于以无性繁殖为主要繁殖方法的花卉来说，辐射育种的应用前景非常广阔（李辛雷、陈发棣，2004）。由于菊花是异花授粉植物，拥有高度杂合的基因型，因此辐射诱变育种非常有效，无论种子、盆栽整株苗、组培苗、单细胞植株、愈伤组织都很容易诱变成功（王丽君、王彩君，2007）。用于辐射诱变的材料，使用的频率从高到低依次为：扦插的生根苗、枝条和枝段、愈伤组织、试管苗和盆钵苗。辐射所需材料的诱变效果依次为：愈伤组织、植株、根芽和枝条。辐射产生的变异由大到小依次是：花色变异、花型变异、花瓣变异，花色变异程度由易到难依次为粉红色品种、复色品种、纯色品种（李辛雷、陈发棣，2004）。

1956年，我国的辐射育种兴起，20世纪70年代辐射技术增强，辐射诱变品种数量也快速增加。自80年代以来，观赏植物的辐射育种有了较大发展（卢钰等，2004）。80至90年代，菊花的辐射育种大约能占到整个花卉辐射育种数量的一半（齐孟文、王化国，1997）。80年代初，四川省农业科学院原子能应用研究所用60Co射线来处理秋菊，得到了花期提前并且花色与亲本不同的新品种'辐橙早'（卢钰等，2004）。1991年，河南农业大学的杨保安等利用辐射诱变结合组织培养的方法培育出'霞光'等14个菊花新品种（杨保安等，1996）。1991年郭安熙等用辐射诱变、扦插以及组培结合的方法培育出了'金光四射'等6个品种（郭安熙等，1991）。1994年，傅玉兰和郑路用60Co处理诱变材料，选育出了8个新的寒菊品种（傅玉兰、郑路，1994）。1994年，中国农业科学院蔬菜花卉研究所对1～2年生瓜叶菊的干种子使用60Co射线进行照射，获得了部分花粉发生败育的突变体，又通过自交的方式获得5个完全败育的雄性不育系，将雄性不育系与瓜叶菊自交系进行杂交，育成了一系列新品种（黄善武、葛红，1994）。1996年，范家霖等把组织培养技术结合着辐射育种，分别用植株的顶芽、花托、花瓣等作为外植体，对接种前或在愈伤组织阶段的组织，用60Co射线进行处理，组培后移至田间种植，花发生明显变异（范家霖、杨保安，1996）。1996年，张效平用γ射线照射放在试管中的'上海黄''上海白'的叶柄外植体，植株诱变率为5%，育成了包括花型、花色、花期变异的11个新品种（张效平等，1998）。1996年，王彭伟等用辐射诱变与组织培养相结合的方法，对切花菊的单细胞进行了突变，选育出了11个新的切花菊品种（王彭伟等，1996）。2002年，仲恺农业技术学院的李宏彬等用60Co射线对牡丹红菊花未萌发的插条进行照射，从其发生变异的后代中选育出了4种花期发生延迟的变异株（李宏彬等，2002）。2002年，陈发棣等通过辐射育种选育出了'奥运火炬''奥运紫霞'等品种（陈发棣等，2005）。2004年，卢钰在文章中提到辽宁省农业科学院用菊花花托、花瓣、叶片进行组织培养，然后用60Co射线进行辐射处理，育出了切花新品种（卢钰等，2004）。

20世纪60年代，国外的辐射育种技术兴起。荷兰培育出了'密洛斯'（Miros）切花品种群，苏联培育出了'雅尔塔'复色的新品种（卢钰等，2004）。1985年，Broertjes和Lock先对菊花进行辐射，后再进行组织培养，通过低温处理的方法获得了耐低温的植株（Broertjes，Lock，1985）。1991年，Huttema等用X射线处理菊花细胞，经悬浮培养后获得细胞团，通过低温筛选，共得到95株耐低温的诱变植株（Huttema et al.，1991）。2000年，Mandal等对茎节和花序进行辐射处理和组织培养，分别获得纯合率为64%和100%的再生植株（Mandal et al.，2000）。2005年，Lema-Rumińska和Zalewska，从含有花青素的紫粉色的原始品种Richmond中获得了舌状小花中存在类胡萝卜素或根本不存在花青素的突变体（Lema-Rumińska，Zalewska，2005）。2010年，Matsumura使用TIARA的碳离子束对紫红色品种和白色品种的离体舌状花进行了诱变，后通过组织培养，共获得了黄色、暗红色、浅粉色、粉色、粉色喷射状等花色突变体及重瓣突变体（Matsumura et al.，2010）。2013年，KPIAD使用TIARA的碳离子束辐射'神马'，获得菊花新品种'新神'和'新神2号'，该品种的腋芽数量降低，即使在低温条件下也能正常开花（Ueno et al.，2013）。2014年，麒麟有限公司（Kirin Company，Ltd.）使用氩离子束对菊花的侧生花蕾进行诱变，获得很多花色、花型发生变异的突变体，该氩离子束是由QST国立放射线综合研究所的千叶重离子医用加速器提供的（OKAMURA et al.，2015）。2018年，Miler和Kulus使用微波辐射诱导菊花，产生的新品种具有新的花形和颜色、花序直径增加、芽色延长（Miler，Kulus，2018）。

（七）化学诱变育种

化学诱变指利用诱变剂来处理植物的愈伤组织、幼胚、种子、幼苗、花药、花粉等组织器官，通过一代又一代对突变体进行选择，培育出符合育种目标的新品种的育种方法（陈红安、袁梦婷，2011；皮伟，2004）。化学诱变对供体的伤害比较小，诱变频率也比较低，但是有害突变少有利突变较多，因此可以用来筛选抗性突变种质，从而发现新的抗性基因类型。花卉上应用较多的是用秋水仙素来诱导多倍体（李辛雷、陈发棣，2004）。1991

年，Antonyuk是最早开始用化学诱变剂来培育菊花新品种的，利用0.01% N-己基-N-亚硝酸基脲及氨基苯酸对菊花进行处理，得到了2株白色的突变体（Antonyuk，1991）。1997年，Boase等人在用0.062 5%的秋水仙素溶液处理了一个菊花品种的已经生根的插条，后来经过定植后再选育，得到了花色突变的品种（Boase et al.，1997）。2002年，陈发棣等用秋水仙素对菊花脑进行浸种诱导，获得了一株四倍体菊花脑和一株嵌合体（陈发棣等，2002）。

### （八）航天育种

航天育种是一种通过空间诱变育种技术来进行诱变育种，主要是指利用返回式卫星、高空地球以及高空模拟试验搭载不同生物种质材料，在接近地面的空间物理和化学因素的影响下，使生物的后代产生变异，再经过一系列的选育成为新品种的方法（王雁等，2002）。20世纪90年代，航天育种技术受到了国内外的重视，其中大家热衷于通过空间条件引起农作物的遗传变异来进行育种的研究，由于超真空、微重力、超净环境、空间辐射等空间环境的影响使植物产生了多重染色体畸变，一直生长在地球上的植物突然处于空间微重力的环境下，再加上各种物理辐射因子的影响，很可能获得以前在地面上通过各种育种方法都无法获得的遗传变异（卢钰等，2004）。我国是世界上能够发射返回式卫星和飞船的三个国家之一，1987年，我国开始利用卫星来搭载植物种子。1996年，中国科学院遗传研究所通过卫星搭载了'八月菊''小丽菊''黑心菊'等不同的菊花品种，后来经过筛选，从中发现了花期变长、花朵变大的有益突变体（王春夏，2004；密士军、郝再彬，2002）。2000年，洪波等利用卫星搭载了16个露地菊花品种，后经选育，发现Sp1代露地菊花花茎变小、生育期缩短、花期提前、耐霜性提高（洪波等，2000）。

### （九）现代生物技术育种

#### 1. 基因工程育种

20世纪70年代初期，基因工程技术兴起，该技术以分子遗传学为理论基础，利用生物技术，将需要的外源基因导入到植物受体细胞中，使其有效表达，来定向地改良植物性状，从而培育出新品种，提高植物的产量和质量（卢钰等，2004）。随着分子生物学的发展，1989年，Lemieux通过农杆菌介导法成功地获得了第一株转基因菊花。中国学者通过长期研究菊花遗传转化体系的建立以及优化，目前已从单个转基因育种逐渐过渡到两个或多个聚合转基因的育种，在菊花的观赏以及抗逆等性状改良等方面都取得了突破性进展（苏江硕等，2022），出现了一大批通过基因工程技术培育的改变了花型、花期、花色、株型和抗病虫害等性状的菊花新品种（朱明涛、贾丽，2011）。1993年，Courtney-Gutterson等将苯基苯乙烯酮合成酶（CHS）基因插入到T-DNA中，后将T-DNA作为载体导入开粉红色花的菊花品种'Moneymaker'中，发现了开白花和浅粉色花的植株（Courtney-Gutterson et al.，1993）。1995年，Dolgov等将Bt中的δ-内毒素基因转入到再生能力很强的'White Harricome'和'Bornholm'品种中，获得了能强烈抵抗扁虱（web tick）的植株（Dolgov et al.，1995）。1999年，邵寒霜等用模式植物野生拟南芥为材料克隆了Leafy（LFY）基因，后构建了载体转入菊花，获得了提前开花（3株）和推迟开花（2株）的菊花新品种（邵寒霜等，1999）。1999年，Y.Takatsu等通过农杆菌介导法将从水稻中获得的几丁质酶基因转入普通菊花品种，获得了能够抵抗灰霉病的菊花新品种（Takatsu，Nishizawa，1999）。2000年，晁岳恩在两个菊花品种导入了异戊烯基转移酶基因Ipt，得到了能使贮藏时间延长的切花新品种（晁岳恩，2000）。2000年，Petty等在菊花中转入光敏色素基因PHYA，发现菊花的花梗变短、叶绿素增加、衰老延迟（Petty et al.，2000）。2000年，Mitiouchkina和Dolgov将ROLC基因再次导入'White Snowdon'品种中，发现了一个植株花朵变得更小、花瓣变得更亮、叶的颜色变得更绿的转化系（Mitiouchkina，Dolgov，2000a）。2000年，Mitiouchkina等在菊花品种'Parliament'中以反义方向转入了从金鱼草中分离到的CHS基因，获得菊花颜色变浅的新品种（Mitiouchkina，Ivanova，2000b）。2009年，何俊平等转入到切花菊'神马'中石蒜凝集素基因LLA，获得了抗蚜新种质（何俊平等，2010）。2013年，Huang等在菊花中转入外源瓜叶菊飞燕草素合成的关键性酶基因，成功创制了新的亮红色的菊花新种质（Huang et al.，2013）。2014年，Yang等在长日照条件下培育出了开花时间提前的植株（Yang et al.，2014）。2017年，Noda N等利用农杆菌介导的方法，获得了真正的蓝色菊花（Noda et al.，2017）。2021年，Han等通过转基因手段使切花菊品种'南农粉翠'的花瓣产生了蓝色花青苷而呈现紫罗兰色（Han et al.，2021）。

　　2. 基因编辑技术育种

　　基因编辑技术是通过对目标基因进行精准和稳定的修饰来获得新品种

的现代育种技术（苏江硕等，2022）。CRISPR/Cas9（规律成簇的间隔短回文重复/关联核酸内切酶9）系统是第三代基因编辑技术，该技术不仅操作简单、安全、高效，而且还可以对多个基因同时进行编辑，在植物育种领域的应用非常频繁，前景非常广阔（Gleim et al.，2020）。近年来，中国的学者对构建菊花基因编辑体系的方法进行了积极的探索和研究（苏江硕等，2022）。2017年，Kishi-Kaboshi等首次尝试用多拷贝转基因作为靶点来替代内源基因对菊花进行基因组的编辑，获得转基因菊花体系，使基因编辑的进展可视化（Kishi-Kaboshi et al.，2017）。2018年，李翠等用农杆菌介导法来介导叶片，利用CRISPR/Cas9系统编辑了氧化酶基因 *DgGA20ox*，成功获得了 *DgGA20ox* 沉默的植株变矮、茎节间变短的菊花突变体（李翠等，2018）。2022年，四川农业大学刘庆林团队利用CRISPR/Cas9系统将菊花的 *DgTCP1* 基因敲除，发现菊花dgtcp1突变体植株对寒冷的抵抗能力降低，而过表达 *DgTCP1* 菊花的转基因植株对寒冷的抵抗能力提高，这为以后抗低温育种提供了依据（Li et al.，2022）。

### 3. 分子标记辅助选择育种

分子标记辅助选择育种（marker assisted selection，MAS）是利用与目的基因连锁或是与目的基因共分离的标记选择个体的一项育种技术。基因表达、环境因素及生长阶段不影响MAS的开展，因此MAS能大大地缩短育种年限（Cobb et al.，2019）。目前，菊花的MAS研究还处于起步阶段（苏江硕等，2022）。2010年，Zhang等利用RAPD、AFLP和ISSR标记的组合，得到了菊花的首个初步的连锁图谱草图（Zhang et al.，2011）。2019年，Su等利用高通量SNP标记的GWAS分析发现了耐涝性的关联位点6个，开发了一个dCAPS功能标记，该标记可与菊花耐涝性共分离（Su et al.，2019）。2019年，Chong等将通过GWAS分析而检测到的关联SNP转化成了与开花时间、花径大小相关的dCAPS标记，并在其他的品种群体里对该标记进行验证，选择效率都达到80%以上（Chong et al.，2019）。2019年，Yang等利用集团分离分析法（bulked segregant analysis，BSA），在托桂品种'南农雪峰'和非托桂品种'QX096'杂交F1群体中开发了一个SCAR标记，该标记能有效地区分托桂和非托桂菊花，并在另一个含有144个株系的群体中验证了该标记，选择效率为87.9%，这能在早期选择菊花托桂花型（Yang et al.，2019b）。目前来说，菊花MAS研究距离育种中的实际应用还有很大差距，仍需继续加快研究步伐（苏江硕等，2022）。

4. 多组学技术育种

随着表型组、基因组、蛋白组等各组学的技术水平越来越高以及现今各种检测的成本越来越低，多维度、多组学的研究现在已经成为植物育种的重点发展方向（苏江硕等，2022）。

（1）表型组学育种。植物表型组学是指在基因组水平上，对植物在不同环境下所有表型进行细致研究的一门新兴学科。菊花表型组学的研究相对较晚，直到近年来才有所发展，主要在识别和分类品种、评价品质、监测花期等领域有所应用（苏江硕等，2022）。2016年，翟果等对20个传统大菊品种的花序的颜色、形状、纹理等信息利用数字图像技术进行提取，并采用相关算法进行识别判断，平均正确识别率能达到92.2%（翟果等，2016）。2016年，伏静和戴思兰建成了无损检测舌状花的花色素含量的方法（伏静、戴思兰，2016）。2018年，袁培森等研发了菊花花型和品种识别系统（袁培森等，2018）。2019年，Liu等用传统大菊的103个品种的14000幅花序图像当做训练集，建立了图像识别模型，测试准确度可以达到78.0%（Liu et al.，2019）。2022年，Qi等利用一种基于生成对抗网络（Generative Adversarial Network，GAN）的方法，对茶用菊初花期花序的识别建成了深度学习框架（Qi et al.，2022）。中国与荷兰等菊花自动化生产程度较高的国家相比，采集与分析的菊花表型信息还非常少。因此，加大发展表型组学，为中国菊花育种提供数据还任重而道远（苏江硕等，2022）。

（2）基因组学育种。栽培菊花具有基因组大（＞8Gb）、多倍性（六倍体或非整倍体）等特点，因此菊花的基因组测序和组装一直是未解决的难题（苏江硕等，2022）。2018年，中国中医科学院中药研究所和南京农业大学等科研单位利用Nanopore纳米孔三代超读长测序结合二代Illumina测序技术共同破译了二倍体菊花脑的基因组（http://www.amwayabrc.com/）（Song et al.，2018），因此中国成为世界上第一个完成菊属全基因组测序的国家。2019年，Hirakawa等人发表了二倍体甘野菊的基因组草图（Hirakawa et al.，2019）。2022年，北京林业大学戴思兰团队采用PacBio三代和Illumina二代测序平台与Hi-C染色体构象捕获技术相结合的方式对二倍体甘菊的全基因完成测序（Wen et al.，2022）。2022年，荷兰瓦格宁根大学对二倍体龙脑菊进行了染色体水平的基因组的组装（Van Lieshout et al.，2022）。这些都为解析菊花重要性状的遗传以及分子育种提供了非常丰富的基因资源（苏江硕等，2022）。

（3）蛋白质组学育种。2013年，蛋白质组学的方法已成功应用于水稻和拟南芥等几种已完成测序的植物，用来研究不同的生物过程和环境适应（Vanderschuren et al.，2013）。2015年，Yao等人在正常或UV-B辐射条件下对药用菊花的蛋白质组学进行了比较分析，检测到了43个不同积累的蛋白质点，其中一些蛋白质点被鉴定为参与了光合作用、呼吸和防御机制（Yao et al.，2015）。

## 二、 菊花品种保护与测试现状

### （一）菊花品种保护现状

1999年6月16日发布的《中华人民共和国农业植物新品种保护名录》（第一批），将菊属纳入其中。根据农业农村部科技发展中心官网查询，自2001年开始有菊属品种申请植物新品种权，截至2022年底，申请总数为1 047个，每年申请数量详见图2-1。

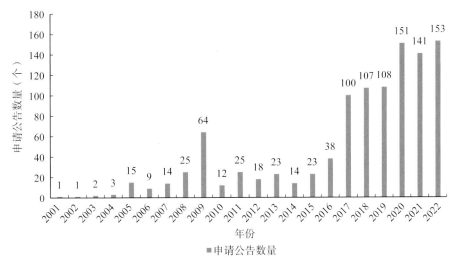

图2-1　2001—2022年菊花新品种权申请公告数量

### （二）菊花品种DUS测试现状（北京分中心）

根据《中华人民共和国植物新品种保护条例》规定，申请植物新品种权的菊花品种需进行特异性、一致性、稳定性测试（以下简称DUS测试）。北京分中心于2008年开始进行菊花品种DUS测试。2008—2015年共测试菊花申请品种数量63个，全部为官方品种。2016—2022年共测试菊花申请品种数量526个，其中官方品种438个，委托申请品种88个。北京分中心每年测试数量详见图2-2。

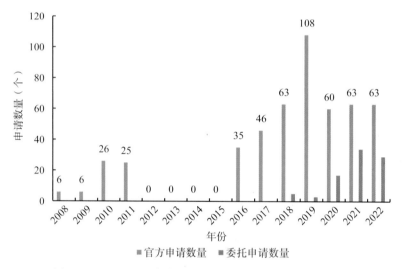

图2-2　2008—2022年菊花品种DUS测试数量（北京分中心）

# 第三章

## 植物新品种保护与测试流程

### 一、植物新品种保护流程

植物新品种保护流程包括申请、受理、初审、实审和授权5个阶段，见图3-1。

申请阶段：登录品种权申请系统，在线提交申请。自2020年6月16日起，农业农村部政务服务平台为农业品种权申请系统唯一登录入口，具体登录网址：http://zwfw.moa.gov.cn/nyzw/index.html?redirectValue=63100#/homeList，在原农业品种权申请系统注册的用户，直接登录上述平台办理品种权相关事项；登录失败的，在原账户名后加上"pvp"登录。例如，原账户名是"zhangsan"，需用"zhangsan_pvp"登录。在线提交申请后农业农村部植物新品种保护办公室进行审核，如需修改则系统退回修改，申请人按照要求修改后进行再次提交，修改后再次提交日期则为申请日期。提交品种权申请时，申请人主动上传由全体申请人或代理机构签字或盖章的承诺书。

受理阶段：申请人线上申请通过审核后农业农村部植物新品种保护办公室会发出电子受理通知书。收到电子受理通知书后，申请人打印相关文件在3个月内向农业农村部植物新品种保护办公室提交品种权申请请求书（附件1）、说明书（附件2）、菊花技术问卷（附件3）、照片及其简要说明（附件4）、代理委托书（如有代理）（附件5）和附页（附件6）或其他必要的证明文件（尤其是转基因品种）、品种权申请公告表各一式两份，同时准备该申请品种的繁殖材料3个月内邮寄至保藏中心。相关资料下载地址：http://www.nybkjfzzzx.cn/p_pzbh/sub_lb.aspx?n=42&t=x.

初审阶段：在提交的相关文件合格后，农业农村部植物新品种保护办公室会下发纸质受理通知书并进入初审阶段。审批机关应当自受理品种权之日起6个月内完成初步审查。经初步审查，对于符合规定，包括经过补正符合初步审查要求的，发出"初步审查合格通知书"，并予以公告。对于申请文件存在明显缺陷的品种权申请，审查员发出"审查意见通知书"，指明存在的缺陷，指定答复期限。可要求申请人在指定期限内陈述意见或者补正，申请人期满未答复的，视为撤回申请。申请人陈述意见或者补正后，仍然不符合规定的，驳回申请。

实审阶段：实审阶段主要对申请品种的DUS三性进行审查。DUS三性不合格的直接驳回，DUS三性合格后再次核查申请信息没有变化后检查申请品种的新颖性、是否转基因、审定或登记等信息，均合格后农业农村部植物新品种保护办公室建议上报。

授权阶段：授权阶段包括上报、公示、公告授权（《农业植物新品种保护公报》每年6期，单月1号）、打印证书、发放证书5个步骤。

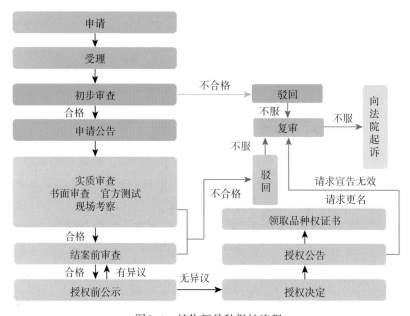

图3-1　植物新品种保护流程

## 二、植物新品种测试流程

植物新品种测试分为官方测试和委托测试。

官方测试流程：申请人在申请品种权填写请求书时，DUS测试报告处选择"未进行"，农业农村部植物新品种保护办公室就会下达测试需求，农业农村部植物新品种测试中心收到测试需求后把任务下发到分中心，下发任务的同时会给分中心和申请人同时发送"提供无性繁殖材料通知书"。申请人收到"提供无性繁殖材料通知书"后按照要求联系分中心进行繁殖材料邮寄，见图3-2。

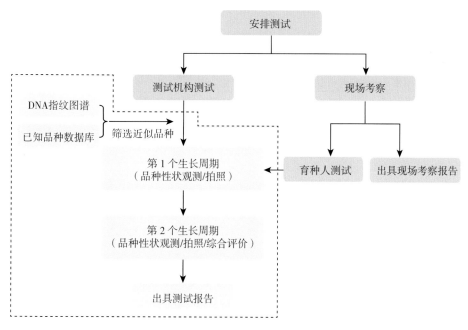

图3-2　农业植物品种特异性、一致性和稳定性官方测试流程图

注：对于菊花品种，DUS测试周期至少为1个生长周期。

委托测试流程：自2020年起，委托测试在线申请系统运行，申请委托测试的委托人需注册系统账号（网址：http://202.127.42.202/testsys/system/login）。首次使用本系统的申请者需要先进行注册、备案，方可申请委托测试；申请人凭有效证件注册备案，一次注册备案可永久使用系统，因此非首次使用本系统的申请者，可以直接输入已注册备案的账号密码登录使用系统。第一周期测试，登录系统后进行样品信息登记，登记完成后选择测试单位进行申请测试，在测试单位审核通过后进行邮寄繁殖材料，线下签订测试协议和付款事宜。第二周期测试，第一周期测试结束后，如晋级则进入第二周期测试，在系统中申请续测同时签订第二周期测试协议和付款事宜，无需重新邮寄繁殖材料。协议签订完成后测试单位通过续测申请。第三周期测试，如果通过前两个周期测试依然无法评价测试品种的一致性、稳定性和特异性则申请人可选择增测进入第三周期测试并签订增测协议及付款等事宜。详细委托测试流程见图3-3。

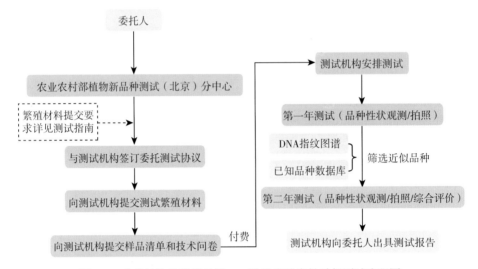

图3-3　农业植物品种特异性、一致性和稳定性委托测试流程图

注：对于菊花品种，DUS测试周期至少为1个生长周期。

# 第四章

# DUS 测试基本原理

## 一、植物品种的定义和类型

植物品种在不同领域有不同的定义。在作物育种学中，品种是指人类在一定的生态条件和经济条件下，根据人类生产和生活的需要所选育的某种作物的一定群体；该群体具有相对稳定的遗传特性，在生物学、形态学和经济学等性状上具有相对的一致性，在特征特性上与同一作物的其他群体有所区别；该群体在相应的地区及耕作条件下种植，在产量、抗性和品质等方面都能符合生产生活的需要。根据品种繁殖方式的不同，品种群体包括无性繁殖群体、近交家系群体、异交群体和杂种品种群体。

UPOV公约（1991文本）对植物品种的定义首先指出，植物品种是指已知最低一级植物分类单元中的一个植物类群，该植物类群必须满足以下三个条件：

（1）可以通过某一特定基因型或基因型组合所表达的性状来界定；

（2）可以通过表达至少一个上述性状，而不同于任何其他植物类群；

（3）具备繁殖后其特征特性不发生变化的特点。

2022年3月1日实施的《中华人民共和国种子法》第二十五条规定，对国家植物品种保护名录内经过人工选育或者发现的野生植物加以改良，具备新颖性、特异性、一致性、稳定性和适当命名的植物品种，由国务院农业农村、林业草原主管部门授予植物新品种权，保护植物新品种权所有人的合法权益。第二十六条规定，一个植物新品种只能授予一项植物新品种权。两个以上的申请人分别就同一个品种申请植物新品种权的，植物新品种权授予最先申请的人；同时申请的，植物新品种权授予最先完成该品种育种的人。对违反法律，危害社会公共利益、生态环境的植物新品种，不授予植物新品种权。第二十七条规定，授予植物新品种权的植物新品种名称，应当与相同或者相近的植物属或者种中已知品种的名称相区别。该名称经授权后即为该植物新品种的通用名称。同一植物品种在申请新品种保护、品种审定、品种登记、推广、销售时只能使用同一个名称。

## 二、植物品种性状选择的标准

UPOV相关文件规定，植物品种性状是指能够明确识别和稳定遗传的、可用来区分和描述的植物品种的特征或特性，包括形态学性状和生理生化性状。性状除了用于描述和定义品种外，也是DUS测试和审查的基础。

UPOV总则中规定，性状在用于DUS测试审查和形成品种描述之前，其表达必须满足以下基本要求：

（1）是特定的基因型或基因型组合的结果；

（2）在特定环境条件下是充分一致和可重复的；

（3）在品种间有足够的差异，能够用于确定特异性；

（4）能够准确描述和识别；

（5）能够满足一致性的要求；

（6）能够满足稳定性的要求，即经重复繁殖或者在每个繁殖周期结束时，其结果是一致和可重复的。

需要明确的是，性状是否具有内在的商业价值或优点，不是性状选择的必要条件。然而，如果一个具有商业价值或优点的性状能够符合上述性状选择标准，可以考虑选为测试性状。

## 三、DUS测试性状的分类和观测方法

按照性状的表达方式将DUS测试性状分为质量性状（Qualitative Characteristics，QL）、假质量性状（Pseudo-Qualitative Characteristics，PQ）和数量性状（Quantitative Characteristics，QN）。菊花测试指南中包含上述三类性状，其中有4个质量性状、32个假质量性状和35个数量性状。

（1）质量性状是指表达状态不连续的性状，在性状表达范围内的每一种性状的表达形式都是必须的且能用单一的表达状态来描述，表达状态的代码没有数值意义，性状表达状态一般不受或很少受环境因素影响。

（2）假质量性状是指表达范围至少是部分连续的，但在多方向/多维度上

存在变异的性状，在性状表达范围内需要明确每一个表达状态。

（3）数量性状是指表达状态在同一个维度上覆盖了从一端到另一端之间整个变异范围的性状，其表达状态可以通过连续或不连续的线性尺度来记录，性状表达状态的代码具有数值意义，一般受环境影响较大。

## （一）性状功能性分类

按照性状在DUS测试中的使用功能和UPOV相关技术文件要求，对性状进行分类，主要分为基本性状、带星号性状、分组性状、补充性状和技术问卷性状等五类。在菊花测试指南中包含基本性状、带星号性状和分组性状三类，其中基本性状71个，分为基本性状和选测性状两部分；带星号性状42个，分组性状6个。

基本性状：是指UPOV认可的、各成员可从中选择适合各自特定环境条件的性状，要求至少有一个UPOV成员已经用于品种描述。

带星号性状：是指UPOV发布的相关作物指南中带*的性状，对UPOV成员之间统一该性状的品种描述具有重要作用。要求UPOV各成员在没有特殊情况下，必须将该性状纳入本地相应作物测试指南中并用于DUS测试，除非该性状在成员所在生态区不能正常表达或不表达。

分组性状：是指测试指南基本性状中那些用于筛选近似品种和特异性测试种植试验中进行品种分组的性状。首选质量性状作为分组性状，那些能够有效区分来自不同地点品种性状数据的假质量性状和数量性状也可用作分组性状，一般应当是带星号性状或列入技术问卷中的性状。

补充性状：是指现有测试指南中没有列入但其他UPOV成员已将其用于DUS测试、可考虑在将来在UPOV测试指南中使用的性状。这些性状必须符合性状选择的标准，使用该性状有利于对其进行研究和利用，并征求专家意见或建议。

技术问卷性状：是指DUS测试指南的技术问卷中列出的性状，需要育种人填写相关性状信息，用于初步筛选近似品种。通常分组性状要求列入技术问卷性状，这些性状应有利于育种人观测和记录。

## （二）性状观测方法及记录

菊花测试指南中根据性状特点，规定了所有性状的观测和记录方法。性状观测方法分为目测（V）和测量（M），性状数据记录方式分为群体记录

（G）和个体记录（S）。考虑到不同性状表达类型、性状表达在品种间和品种内的变异程度以及对观测结果要求的精确度和测试条件等因素，在菊花品种DUS测试中，共有两种性状观测方法和数据记录方式的组合，即群体目测（VG）和个体测量（MS），其中群体目测（VG）性状57个，个体测量（MS）性状14个。

群体目测（VG）是指对一批植株或植株的某器官或部位进行目测，获得一个群体记录，菊花群体目测性状需观测整个小区或规定大小的混合样本。个体测量（MS）是指对一批植株或植株的某器官或部位进行逐个测量，获得一组个体记录，除非另有说明，菊花个体测量性状的植株取样数量不少于10株，在观测植株的器官或部位时，每个植株取样数量为1个。

## 四、菊花品种DUS测试及结果判定

按照UPOV相关文件和《植物新品种特异性、一致性和稳定性测试指南　总则》（GB/T 19557.1—2004）给出的测试技术要点和结果判定的一般原则，以及菊花测试指南中的具体规定进行菊花特异性、一致性和稳定性测试及结果判定。

### （一）特异性的判定

UPOV公约（1991文本）规定：一个品种在申请书提交之时与其他任何已知品种有明显区别，则判定该品种具备特异性。2022年3月1日实施的《中华人民共和国种子法》规定：特异性是指一个植物品种有一个以上性状明显区别于已知品种。

菊花测试指南中规定：待测品种需明显区别于所有已知品种。在测试中，当待测品种至少在一个性状上与最为近似品种具有明显且可重现的差异时，即可判定待测品种具备特异性。在菊花DUS测试实践中，特异性判定可采用相邻目测比较法、代码法和统计分析法等三种方法。

相邻目测比较法是指对田间相邻种植或足够邻近种植的菊花品种直接进行目测比较来判定特异性的方法，主要适用于需要目测的假质量性状和数量性状；对于假质量性状，如果两个品种在某个性状上的表达状态不同，可能不足以判定两个品种具备特异性，反之，如果两个品种在某个性状上的表达状态相同，也可能存在明显差异，运用该方法时需要考虑品种内的变异综合判定。

代码法是指根据品种的性状代码值和表达状态进行特异性判定的方法，在质量性状、假质量性状和数量性状上都可应用。对于质量性状，由于性状的每一种表达形式都是必须的且能用单一的代码值来描述，因此在同一质量性状上代码值相同的品种可认为不具备特异性，相反，在同一性状上代码值不同的品种则具备特异性；对于假质量性状，由于其性状表达状态会受到年份、试验地点、气候环境等因素的影响，很难制定出特异性判定所需的明确的代码差异原则，但如果在各条件相同的前提下，在同一性状上代码值相同的品种通常认为不具备特异性；菊花是无性繁殖作物，当两个品种在某个数量性状上有两个及以上代码值差异的时候，可以认为这两个品种在这个数量性状上具备特异性。

统计分析法一般采用 T 检验或最小显著差异法（Least Significant Difference，LSD），常用于个体测量数量性状的统计分析。由于菊花是无性繁殖作物，品种内变异水平较低，该方法比较适合。如两个品种在一定的可接受概率水平上，某个数量性状的差异大于或等于最小显著差异，且在不同的繁殖周期内该差异方向相同，则认为品种间具备特异性。

### （二）一致性的判定

UPOV 公约（1991 文本）规定：如果某个品种除了可预见的自然变异外，群体内个体间相关的特征特性表现一致，则判定该品种具备一致性。2022 年 3 月 1 日实施的《中华人民共和国种子法》规定：一致性是指一个植物品种的特性除可预期的自然变异外，群体内个体间相关的特征或者特性表现一致。在菊花 DUS 测试实践中，通常采用异型株法和相对方差法判定一致性。

异型株法：采用异型株法判定一致性时，应考虑品种繁殖特性和性状遗传特性，性状表达差异应是由遗传因素引起的，同时要排除非遗传因素导致的非典型株和与典型株性状表达状态相差很大的极不典型植株或不相关植株。根据 UPOV TGP8 和菊花测试指南相关规定：一致性判定时，采用 1% 的群体标准和至少 95% 的接受概率。当样本大小为 6～35 株时，最多可以允许有异型株 1 株；当样本大小为 36～82 株时，最多可以允许有异型株 2 株。异型株是指一个品种内某植株与其他典型植株在一个及一个以上的 DUS 测试性状上具有明显差异的植株。

相对方差法：是指在某一性状上，待测品种的方差除以可比品种的方差平均数，即相对方差=待测品种方差/可比品种的方差平均数，其中可比品种是指已经测试过且足够一致的、和待测品种属于同一个种或近缘种的同类型品种。相对方差法可用于任何一个测量数量性状的一致性判定，要求待测品种变异度不超过可比品种的平均变异度，且相对方差的数据应符合正态分布。对于不同样本大小的待测品种，相对方差阈值是不同的，参照F表中的相关值，详见表4-1。

表4-1　F表

| 待测品种样本大小 | 相对方差阈值 |
|:---:|:---:|
| 30 | 1.70 |
| 40 | 1.59 |
| 50 | 1.53 |
| 60 | 1.47 |
| 80 | 1.41 |
| 100 | 1.36 |
| 150 | 1.29 |
| 200 | 1.25 |

数据来源：F表来自Barnes & Noble，Inc. New York的"统计表"。

### （三）稳定性的判定

UPOV公约（1991文本）规定：如果某品种经过反复繁殖或者对于特定繁殖周期而言，在每个周期结束时，其相关特性保持不变，则判定该品种具备稳定性。

2022年3月1日实施的《中华人民共和国种子法》规定：稳定性是指一个植物品种经过反复繁殖后或者在特定繁殖周期结束时，其主要性状保持不变。

菊花测试指南中要求：如果一个品种具备一致性，则可认为该品种具备稳定性。一般不对稳定性进行测试。必要时，可以种植该品种的下一批种苗，与以前提供的种苗相比，若性状表达无明显变化，则可判定该品种具备稳定性。

## 第五章
# 菊花品种DUS测试试验管理流程

**一、测试任务审核**

官方测试任务，在官方任务下发后，农业农村部植物新品种测试中心审查员与分中心任务管理员沟通任务下发情况，根据任务下发情况与繁殖材料接收情况确定本年度官方测试任务。委托测试任务，申请人通过委托测试申请系统进行委托测试任务申请，7个工作日内北京分中心任务管理员通过系统进行任务审核，品种名称、委托单位、适种区域、联系人和技术问卷等信息均符合要求后通过审核并进行任务登记，任务登记主要包括作物种属、品种名称、品种类型、品种分组、系统内委托号、委托单位、联系人、联系电话和审核通过日期。样品登记存在不符合项时，管理员退回修改，退回时说明详细的不符合项，申请人修改后重新提交委托测试申请。

**二、测试协议签订**

官方测试任务，官方测试任务无需签订测试协议；委托测试任务，当申请任务在委托测试系统中通过审核后，任务管理员通过联系电话或邮件等形式与委托人取得联系后双方签订委托测试协议。

**三、繁殖材料接收**

测试任务繁殖材料由申请人或委托人直接邮寄至测试基地，邮寄繁殖材料时还需打印或复印"提交繁殖材料通知书"一同邮寄。

官方测试任务由分中心任务管理员在DUS测试事务协同系统中的任务管理功能模块进行任务的接收与下发，下发任务后测试员就可在该系统中进行任务接收与安排试验。委托测试任务需要从委托测试系统中进行任务转交到DUS测试事务协同系统，再进行任务下发。

## 五、试验方案设计

当年测试任务安排种植前，测试员应按照历年测试经验与田间管理经验进行当年试验方案设计，试验方案包括以下内容。

（1）测试对象。说明本年度测试任务数量，使用的近似品种和标准品种名称。

（2）依据标准。《植物品种特异性、一致性和稳定性测试指南 菊花》（GB/T 19557.19—2018），指南于2018年12月1日开始实施，其中包含63个基本性状、8个选测性状，指南未包括的其他性状也可用于DUS测试性状观测。

（3）试验地点与人员。说明试验地点，测试员联系方式等信息。

（4）试验设计。说明试验地的土地情况、前茬作物情况、温室还是陆地种植、株行距和申请品种与近似品种的种植排列情况。以北京分中心2022年的试验设计为例：试验地为偏沙性土，肥力中等、分布均匀，申请品种和近似品种相邻排列，开穴定植。切花菊温室种植，行距0.3m，株距0.2m；地被菊露地种植，行距0.5m，株距0.5m。每个小区不少于25株，共设2个重复，每个品种不少于50株。所有品种按植株类型、栽培方式、生产目的进行分组。

（5）田间管理。参照历年种植经验，提前做好准备工作，比如：整地施肥、浇水、病虫害防治、施肥、中耕除草等，并对本年度田间管理内容进行详细记录，如遇到灾害性天气、爆发性虫害等异常情况时，更应及时记录。以北京分中心2022年的田间管理为例，试验准备：试验小区规划、繁殖材料接收、小区定植图、插地牌、切花菊专用网、1.5m长铁管（固定菊花网用）若干、定植用花铲等；整地施肥：定植前3～5d操作，每亩使用10m³牛粪、50kg复合肥作为底肥，深翻土壤约20cm，耙细整平，做成高畦，以便排水；

浇水：菊花喜湿润，但怕涝。浇水应遵循"见干见湿"的原则，保持土壤湿润但不积水。大体分为：定苗水（定植完立即浇水）、缓苗水（定植后7d左右）、中后期浇水（地被菊生长期间无天然降雨情况下每隔10d浇一次水，切花菊每隔10d浇一次水）；病虫害防治：华北地区地被菊一般在6月20日前后、切花菊在7月10日前后定植，定植后约10d左右进行喷施第一遍杀虫剂（比如吡虫啉等）和杀菌剂（比如多菌灵等），后每隔10d左右进行一次药物喷施；施肥：除施足基肥外，生长期间还需追肥2～3次。第一次在定植后15d左右，第二次在植株开始分枝时，第三次在开始现蕾时。肥料以腐熟家禽粪便或复合肥为主；中耕除草：菊花生长期间，应经常进行中耕除草，保持土壤疏松，减少杂草对养分的竞争。中耕时要注意深度，避免伤根。

（6）性状调查与观测方法。性状调查表（附录5），菊花测试指南共有基本性状63个、选测性状8个。菊花观测方法仅有群体观测（VG）、个体测量（MS）两种方法；观测时期分为顶蕾显色期、始花期和盛花期三个时期，主要集中在盛花期进行调查。

（7）照片的拍摄与保存。顶蕾显色期拍摄花蕾照片，始花期拍摄植株茎、叶片照片，盛花期拍摄小区照、单株照、头状花序、舌状小花、管状小花照片。

拍摄背景要求在中性灰或自然背景下，尺寸为5寸*，照片需附上量具，部分照片附24色比色卡。发现异型株时需拍摄典型株与异型株的对比照片，摆放要求为典型株放左侧，异型株放右侧。拍摄好的照片应及时保存到电脑指定位置。

（8）一致性、稳定性和特异性判定。根据测试数据实际情况按照指南要求进行一致性、稳定性和特异性判定，特异性判定时需经过数据分析、近似品种筛选后方可进行判定。

## 六、安排测试任务试验

根据试验方案进行测试任务试验的种植，测试前需完全掌握菊花测试指南，了解具体的测试时期、测试部位、取样等知识。使用试验方案中的性状调查表进行数据记录。

（1）观测数量。除非另有说明，菊花个体测量性状（MS）的植株取样数

---

\*  1m＝30寸。

量不少于10株，在观测植株的器官或部位时，每个植株取样数量为1个。群体目测性状（VG）应观测整个小区或规定大小的混合样本。所有数据应来自于同一重复。

（2）取样。

①取样植株。按指南规定，部分涉及性状应按指南要求观测或采样，且取样部位、取样方法每次试验一致。

②取样方式，标识异型株后，采用顺序取样、随机取样、分层取样、系统取样等方式均可。

Chapter 2

# 第二篇

## 菊花品种DUS测试技术

第六章

# 菊花品种DUS测试基本性状观测说明

## 一、菊花生育阶段表

菊花各生育阶段的性状描述见表6-1。

表6-1　菊花生育阶段

| 编号 | 名　称 | 描　述 |
|---|---|---|
| 50 | 顶蕾显色期 | 顶蕾充分显色，且即将开放时 |
| 60 | 始花期 | 小区50%的植株至少有1个头状花序开放 |
| 70 | 盛花期 | 单瓣、半重瓣品种花药开裂前；重瓣品种顶端头状花序充分绽放时 |

## 二、性状的观测说明

性状1　*植株：高度（QN，MS）

观测说明：在盛花期，测量植株地面位置与顶端之间的长度，植株取样数量10株，精确到1cm。地被菊与切花菊按照不同的标准分别进行分级。详见表6-2、表6-3。

表6-2　性状1植株：高度分级表及参考图片（地被菊）

| 表达状态 | 极矮 | 极矮到矮 | 矮 | 矮到中 | 中 | 中到高 | 高 | 高到极高 | 极高 |
|---|---|---|---|---|---|---|---|---|---|
| 代　码 | 1 | 2 | 3 | 4 | 5 | 6 | 7 | 8 | 9 |
| 分级标准（cm） | ≤15 | 15～25 | 25～35 | 35～45 | 45～55 | 55～65 | 65～75 | 75～85 | ≥85 |

（续）

| 表达状态 | 极矮 | 极矮到矮 | 矮 | 矮到中 | 中 | 中到高 | 高 | 高到极高 | 极高 |
|---|---|---|---|---|---|---|---|---|---|
| 标准品种 | | | 大漠秋光 | | 京华郁金 | | 小葵香 | | |
| 示意图片 | 植株：高度（地被菊） | | | | | | | | |

表6-3　性状1植株：高度分级表及参考图片（切花菊）

| 表达状态 | 极矮 | 极矮到矮 | 矮 | 矮到中 | 中 | 中到高 | 高 | 高到极高 | 极高 |
|---|---|---|---|---|---|---|---|---|---|
| 代码 | 1 | 2 | 3 | 4 | 5 | 6 | 7 | 8 | 9 |
| 分级标准（cm） | ≤70 | 70～90 | 90～110 | 110～130 | 130～150 | 150～170 | 170～190 | 190～210 | ≥210 |
| 标准品种 | | | 滨金1号 | | 燕华玫粉 | | 闪耀白 | | |
| 示意图片 | 植株：高度（切花菊） | | | | | | | | |

性状2　*植株：类型（QL，VG）

观测说明：在顶蕾显色期，观测整个植株。非丛生型品种是指顶端优势明显，自然形成单一茎秆的品种；丛生型品种是指顶端优势弱，无单一茎秆的品种。详见表6-4。

表6-4　性状2植株：类型的分级表及参考图片

| 表达状态 | 非丛生型 | 丛生型 |
|---|---|---|
| 代　码 | 1 | 2 |
| 标准品种 | 昂口红 | 东篱红霜 |
| 参考图片 | | |
| | 1 | 2 |

性状3　*仅适用于丛生型品种：植株：生长习性（PQ，VG）

观测说明：在顶蕾显色期，观测整个植株。详见表6-5。

表6-5　性状3的表达状态、代码、标准品种、参考图片

| 表达状态 | 直立 | 半直立 | 半球状 | 平展 | 蔓生 |
|---|---|---|---|---|---|
| 代　码 | 1 | 2 | 3 | 4 | 5 |
| 标准品种 | 汴京小太阳 | 东篱红霜 | 绚秋莲华 | 小佩奇 | 卧听漱玉 |
| 参考图片 | | | | | |

| 表达状态 | 直立 | 半直立 | 半球状 | 平展 | 蔓生 |
|---|---|---|---|---|---|

性状4　<u>仅适用于丛生型品种</u>：植株：分枝密度（QN，VG）

观测说明：在始花期，观测整个植株。详见表6-6。

表6-6　性状4的表达状态、代码、标准品种、参考图片

| 表达状态 | 极稀 | 极稀到稀 | 稀 | 稀到中 | 中 | 中到密 | 密 | 密到极密 | 极密 |
|---|---|---|---|---|---|---|---|---|---|
| 代　　码 | 1 | 2 | 3 | 4 | 5 | 6 | 7 | 8 | 9 |
| 标准品种 |  |  | 紫玲珑 |  | 东篱红霜 |  | 奇特红 |  |  |

| 表达状态 | 极稀 | 极稀到稀 | 稀 | 稀到中 | 中 | 中到密 | 密 | 密到极密 | 极密 |
|---|---|---|---|---|---|---|---|---|---|
| 参考图片 | | |  | | | | | | |
| | | | 3 | | 5 | | 7 | | |

性状5　茎：颜色（PQ，VG）

观测说明：在始花期，观测茎秆自上往下1/3处。详见表6-7。

表6-7　性状5的表达状态、代码、标准品种、参考图片

| 表达状态 | 绿色 | 绿色带紫纹或褐纹 | 棕色 | 紫色 |
|---|---|---|---|---|
| 代　码 | 1 | 2 | 3 | 4 |
| 标准品种 | 火焰 | 红妍 | 粉格桑 | 俄罗斯菊 |
| 参考图片 | | | | |
| | 1 | 2 | 3 | 4 |

性状6　托叶：大小（QN，VG）

观测说明：在盛花期，观测茎秆自上往下1/3处。详见表6-8。

表6-8 性状6的表达状态、代码、标准品种、参考图片

| 表达状态 | 无或极小 | 极小到小 | 小 | 小到中 | 中 | 中到大 | 大 | 大到极大 | 极大 |
|---|---|---|---|---|---|---|---|---|---|
| 代 码 | 1 | 2 | 3 | 4 | 5 | 6 | 7 | 8 | 9 |
| 标准品种 | | | 大丽阴阳 | | 月落金湫 | | 火焰 | | |
| 参考图片 | | | 3 | | 5 | | 7 | | |

性状7 叶柄：姿态（QN，VG）

观测说明：在盛花期，观测茎秆自上往下1/3处。详见表6-9。

表6-9 性状7的表达状态、代码、标准品种、参考图片

| 表达状态 | 极向上 | 极向上到向上 | 向上 | 向上到平伸 | 平伸 | 平伸到向下 | 向下 | 向下到下垂 | 下垂 |
|---|---|---|---|---|---|---|---|---|---|
| 代 码 | 1 | 2 | 3 | 4 | 5 | 6 | 7 | 8 | 9 |
| 标准品种 | | | 神马 | | CH139078 | | 汴京初桂 | | |
| 参考图片 | | | 3 | | 5 | | 7 | | |

性状8 叶柄：相对于叶片的长度（QN，VG）

观测说明：在盛花期，观测茎秆自上往下1/3处。详见表6-10。

表6-10 性状8的表达状态、代码、标准品种、参考图片

| 表达状态 | 极短 | 极短到短 | 短 | 短到中 | 中 | 中到长 | 长 | 长到极长 | 极长 |
|---|---|---|---|---|---|---|---|---|---|
| 代　码 | 1 | 2 | 3 | 4 | 5 | 6 | 7 | 8 | 9 |
| 标准品种 | | | 绚秋欢颜 | | 京华绣橘 | | 舞梦黄 | | |
| 参考图片 | | | | | | | | | |
| | | | 3 | | 5 | | 7 | | |

性状9 *叶：长度（QN，MS）

观测说明：在盛花期，取茎秆自上往下1/3处的叶片。测量叶的长度，植株取样数量10株，精确到0.1cm。详见表6-11。

表6-11 性状9的表达状态、代码、分级标准、标准品种

| 表达状态 | 极短 | 极短到短 | 短 | 短到中 | 中 | 中到长 | 长 | 长到极长 | 极长 |
|---|---|---|---|---|---|---|---|---|---|
| 代　码 | 1 | 2 | 3 | 4 | 5 | 6 | 7 | 8 | 9 |
| 分级标准（cm） | ≤3 | 3～5 | 5～7 | 7～9 | 9～11 | 11～13 | 13～15 | 15～17 | ≥17 |
| 标准品种 | | | 乐然玉裳 | | 丰香雪姬 | | DLFPSU13 | | |
| 示意图片 | | | | | | | | | |

性状10　*叶：宽度（QN，MS）

观测说明：在盛花期，取茎秆自上往下1/3处的叶片。测量叶的宽度，植株取样数量10株，精确到0.1cm。详见表6-12。

表6-12　性状10的表达状态、代码、分级标准、标准品种

| 表达状态 | 极窄 | 极窄到窄 | 窄 | 窄到中 | 中 | 中到宽 | 宽 | 宽到极宽 | 极宽 |
|---|---|---|---|---|---|---|---|---|---|
| 代　码 | 1 | 2 | 3 | 4 | 5 | 6 | 7 | 8 | 9 |
| 分级标准（cm） | ≤2.5 | 2.5～3.5 | 3.5～4.5 | 4.5～5.5 | 5.5～6.5 | 6.5～7.5 | 7.5～8.5 | 8.5～9.5 | ≥9.5 |
| 标准品种 | | | 紫水晶 | | 丰香雪姬 | | 大丽皮普漂亮 | | |
| 示意图片 | | | | | | | | | |

性状11　*叶：长/宽比（QN，MS）

观测说明：在盛花期取茎秆自上往下1/3处的叶片。计算所测量叶的长度和宽度之比，植株取样数量10株，精确到0.1。详见表6-13。

表6-13　性状11的表达状态、代码、分级标准、标准品种

| 表达状态 | 极小 | 极小到小 | 小 | 小到中 | 中 | 中到大 | 大 | 大到极大 | 极大 |
|---|---|---|---|---|---|---|---|---|---|
| 代　码 | 1 | 2 | 3 | 4 | 5 | 6 | 7 | 8 | 9 |
| 分级标准 | ≤0.9 | 0.9～1.1 | 1.1～1.3 | 1.3～1.5 | 1.5～1.7 | 1.7～1.9 | 1.9～2.1 | 2.1～2.3 | ≥2.3 |
| 标准品种 | | | 东林辉煌 | | 红颜 | | 爱之橙 | | |

性状12　*叶片：顶端裂片相对于叶片的长度（QN，VG）

观测说明：在盛花期，观测茎秆自上往下1/3处的叶片。当顶端裂片相对于叶片的长度为1/4时，判定为代码3；当顶端裂片相对于叶片的长度为1/3时，判定为代码5；当顶端裂片相对于叶片的长度为1/2时，判定为代码7。详见表6-14。

表6-14　性状12的表达状态、代码、标准品种、参考图片

| 表达状态 | 极短 | 极短到短 | 短 | 短到中 | 中 | 中到长 | 长 | 长到极长 | 极长 |
|---|---|---|---|---|---|---|---|---|---|
| 代　　码 | 1 | 2 | 3 | 4 | 5 | 6 | 7 | 8 | 9 |
| 标准品种 | | | 早霞 | | 大漠秋光 | | 白帆 | | |
| 参考图片 | | | 3 | | 5 | | 7 | | |

性状13　*叶片：最低位一级裂刻深度（QN，VG）

观测说明：在盛花期，观测茎秆自上往下1/3处的叶片。详见表6-15。

表6-15　性状13的表达状态、代码、标准品种、参考图片

| 表达状态 | 极浅 | 极浅到浅 | 浅 | 浅到中 | 中 | 中到深 | 深 | 深到极深 | 极深 |
|---|---|---|---|---|---|---|---|---|---|
| 代　　码 | 1 | 2 | 3 | 4 | 5 | 6 | 7 | 8 | 9 |
| 标准品种 | | | 东篱紫玉 | | 东篱紫陌 | | DLFROC2 | | |
| 参考图片 | | | | | | | | | |

| 表达状态 | 极浅 | 极浅<br>到浅 | 浅 | 浅到中 | 中 | 中到深 | 深 | 深到<br>极深 | 极深 |
|---|---|---|---|---|---|---|---|---|---|
| 参考图片 | | | | | | | | | |
| | | | 3 | | 5 | | 7 | | |

性状 14　叶片：最低位一级裂刻边缘（PQ，VG）

观测说明：在盛花期，观测茎秆自上往下 1/3 处的叶片。详见表 6-16。

表 6-16　性状 14 的表达状态、代码、标准品种、参考图片

| 表达状态 | 分开 | 平行 | 聚拢 | 接触 | 重叠 |
|---|---|---|---|---|---|
| 代　码 | 1 | 2 | 3 | 4 | 5 |
| 标准品种 | 绚秋欢颜 | 百瑞香 | 爱之橙 | DLFSCOT2 Scotch | 滇之樱 |
| 参考图片 | <br>1 | | <br>2 | | |
| | <br>3 | <br>4 | | <br>5 | |

性状15 *叶片：基部形状（PQ，VG）

观测说明：在盛花期，观测茎秆自上往下1/3处的叶片。详见表6-17。

表6-17 性状15的表达状态、代码、标准品种、参考图片

| 表达状态 | 锐角 | 钝角 | 圆 | 平截 | 心形 | 不对称 |
|---|---|---|---|---|---|---|
| 代　码 | 1 | 2 | 3 | 4 | 5 | 6 |
| 标准品种 | 柔情橙 | 红妍 | 精兴之诚 | 汉城 | 京华郁金 | 大丽奥兰达6 |
| 参考图片 | | | | | | |

| 1 | 2 | 3 |
|---|---|---|

| 4 | 5 | 6 |
|---|---|---|

性状16 叶片：先端形状（PQ，VG）

观测说明：在盛花期，观测茎秆自上往下1/3处的叶片。详见表6-18。

表6-18 性状16的表达状态、代码、标准品种、参考图片

| 表达状态 | 锐尖 | 尖 | 圆钝 |
|---|---|---|---|
| 代 码 | 1 | 2 | 3 |
| 标准品种 | 粉玫锦 | 红妍 | 铺地淡粉 |
| 参考图片 | 1 | 2 | 3 |

性状17 *叶片：上表面绿色程度（QN，VG）

观测说明：在盛花期，观测茎秆自上往下1/3处的叶片。详见表6-19。

表6-19 性状17的表达状态、代码、标准品种、参考图片

| 表达状态 | 浅 | 中 | 深 |
|---|---|---|---|
| 代 码 | 1 | 2 | 3 |
| 标准品种 | 精兴之诚 | 柔情橙 | 神马 |
| 参考图片 | 1 | 2 | 3 |

性状18  *仅适用于矶菊品种：叶片：上表面淡色边缘明显程度（QN，VG）

观测说明：在盛花期，观测茎秆自上往下1/3处的叶片。详见表6-20。

表6-20　性状18的表达状态、代码、标准品种、参考图片

| 表达状态 | 无或极弱 | 极弱到弱 | 弱 | 弱到中 | 中 | 中到强 | 强 | 强到极强 | 极强 |
|---|---|---|---|---|---|---|---|---|---|
| 代　码 | 1 | 2 | 3 | 4 | 5 | 6 | 7 | 8 | 9 |
| 标准品种 | | | 毛华菊MH | | 矶菊 | | | | |
| 参考图片 | | | | | | | | | |

| 3 | | 5 | | 7 | |

性状19  *仅适用于矶菊品种：叶片：下表面绒毛程度（QN，VG）

观测说明：在盛花期，观测茎秆自上往下1/3处的叶片。详见表6-21。

表6-21　性状19的表达状态、代码、标准品种、参考图片

| 表达状态 | 极弱 | 极弱到弱 | 弱 | 弱到中 | 中 | 中到强 | 强 | 强到极强 | 极强 |
|---|---|---|---|---|---|---|---|---|---|
| 代　码 | 1 | 2 | 3 | 4 | 5 | 6 | 7 | 8 | 9 |
| 标准品种 | | | 毛华菊MH | | 矶菊 | | | | |
| 参考图片 | | | | | | | | | |

| 3 | | 5 | | 7 | |

性状20　*仅适用于矶菊品种：叶片：下表面颜色（PQ，VG）

观测说明：在盛花期，观测茎秆自上往下 1/3 处的叶片。RHS 比色卡标定并记录，植株取样数量 10 株，每株一个花序。

性状21　叶片：边缘锯齿深浅（QN，VG）

观测说明：在盛花期，观测茎秆自上往下 1/3 处的叶片。详见表6-22。

表6-22　性状21的表达状态、代码、标准品种、参考图片

| 表达状态 | 极浅 | 极浅到浅 | 浅 | 浅到中 | 中 | 中到深 | 深 | 深到极深 | 极深 |
|---|---|---|---|---|---|---|---|---|---|
| 代　码 | 1 | 2 | 3 | 4 | 5 | 6 | 7 | 8 | 9 |
| 标准品种 | | | 铺地淡粉 | | 东篱紫陌 | | 滇之樱 | | |
| 参考图片 | | | 3 | | 5 | | 7 | | |

性状22　*仅适用于多头非丛生型品种：花序：一级侧枝与茎的夹角（QN，VG）

观测说明：在盛花期，观测茎秆自上往下 1/3 处。详见表6-23。

表6-23　性状22的表达状态、代码、标准品种、参考图片

| 表达状态 | 极小 | 极小到小 | 小 | 小到中 | 中 | 中到大 | 大 | 大到极大 | 极大 |
|---|---|---|---|---|---|---|---|---|---|
| 代　码 | 1 | 2 | 3 | 4 | 5 | 6 | 7 | 8 | 9 |

| 表达状态 | 极小 | 极小到小 | 小 | 小到中 | 中 | 中到大 | 大 | 大到极大 | 极大 |
|---|---|---|---|---|---|---|---|---|---|
| 标准品种 | | | 燕华明媚 | | DLFCHELD3 | | 粉蝶 | | |
| 参考图片 | | | 3 | | 5 | | 7 | | |

## 性状23　花蕾：形状（PQ，VG）

观测说明：在顶蕾显色期，观测植株顶部花蕾。详见表6-24。

表6-24　性状23的表达状态、代码、标准品种、参考图片

| 表达状态 | 扁平形 | 圆形 | 杯状 |
|---|---|---|---|
| 代　码 | 1 | 2 | 3 |
| 标准品种 | 东篱红霜 | 大丽奥兰达6 | DLFPSU13 |
| 参考图片 | 1 | 2 | 3 |

性状24　*头状花序：类型（PQ，VG）

观测说明：在盛花期，观测植株顶端头状花序。无舌状小花：头状花序仅由管状小花组成；单瓣：头状花序舌状小花只有一轮，花盘始终可见并且明显；半重瓣：头状花序舌状小花多轮，盛花时可见管状小花；重瓣（后期露心）：头状花序重瓣型，仅有极少数管状小花；重瓣（后期不露心）：头状花序重瓣型，无管状小花。详见表6-25。

表6-25　性状24的表达状态、代码、标准品种、参考图片

| 表达状态 | 无舌状小花 | 单瓣 | 半重瓣 | 重瓣（后期露心） | 重瓣（后期不露心） |
|---|---|---|---|---|---|
| 代　码 | 1 | 2 | 3 | 4 | 5 |
| 标准品种 | 奶黄糖豆 | 燕华复古风 | 大丽奥兰达6 | 绚秋新雨 | 热诚 |
| 参考图片 | 1 | 2 | 3 | 4 | 5 |

性状25　*重瓣品种除外：花心：类型（QL，VG）

观测说明：在盛花期，观测顶端头状花序花心，其中托桂型是指花心管状小花全部瓣化、伸长的类型。详见表6-26。

表6-26　性状25的表达状态、代码、标准品种、参考图片

| 表达状态 | 非托桂型 | 托桂型 |
|---|---|---|
| 代　码 | 1 | 2 |
| 标准品种 | 燕华复古风 | DLFSERE3 |

| 表达状态 | 非托桂型 | 托桂型 |
|---|---|---|
| 参考图片 | | |
| | 1 | 2 |

**性状26** *仅适用于单头品种：头状花序：直径（QN，MS）

观测说明：在盛花期，取顶端头状花序，用直尺沿花序水平面测量最大直径，植株取样数量10株，精确到0.1cm。详见表6-27。

表6-27 性状26的表达状态、代码、分级标准、标准品种

| 表达状态 | 极小 | 极小到小 | 小 | 小到中 | 中 | 中到大 | 大 | 大到极大 | 极大 |
|---|---|---|---|---|---|---|---|---|---|
| 代 码 | 1 | 2 | 3 | 4 | 5 | 6 | 7 | 8 | 9 |
| 分级标准（cm） | ≤5 | 5～7 | 7～9 | 9～11 | 11～13 | 13～15 | 15～17 | 17～19 | ≥19 |
| 标准品种 | | | Beliboula | | DLFPSU13 | | 大丽巴尔塔萨10 | | |
| 示意图片 | | | | | 仅适用于单头品种头状花序：直径 | | | | |

**性状27 \*仅适用于多头品种：头状花序：直径（QN，MS）**

观测说明：在盛花期，取顶端头状花序，用直尺沿花序水平面测量最大直径，植株取样数量10株，精确到0.1cm。详见表6-28。

表6-28 性状27的表达状态、代码、分级标准、标准品种

| 表达状态 | 极小 | 极小到小 | 小 | 小到中 | 中 | 中到大 | 大 | 大到极大 | 极大 |
|---|---|---|---|---|---|---|---|---|---|
| 代 码 | 1 | 2 | 3 | 4 | 5 | 6 | 7 | 8 | 9 |
| 分级标准（cm） | ≤2.8 | 2.8～5.3 | 5.3～7.8 | 7.8～10.3 | 10.3～12.8 | 12.8～15.3 | 15.3～17.8 | 17.8～20.3 | ≥20.3 |
| 标准品种 | | | 昂口红 | | 热诚 | | 滨金1号 | | |
| 示意图片 | 仅适用于多头品种 头状花序：直径 | | | | | | | | |

**性状28 仅适用于单头品种：头状花序：高度（QN，MS）**

观测说明：在盛花期，取顶端头状花序，用直尺沿花序垂直面测量高度，植株取样数量10株，精确到0.1cm。详见表6-29。

表6-29 性状28的表达状态、代码、分级标准、标准品种

| 表达状态 | 极矮 | 极矮到矮 | 矮 | 矮到中 | 中 | 中到高 | 高 | 高到极高 | 极高 |
|---|---|---|---|---|---|---|---|---|---|
| 代 码 | 1 | 2 | 3 | 4 | 5 | 6 | 7 | 8 | 9 |
| 分级标准（cm） | ≤1.5 | 1.5～2.5 | 2.5～3.5 | 3.5～4.5 | 4.5～5.5 | 5.5～6.5 | 6.5～7.5 | 7.5～8.5 | ≥8.5 |
| 标准品种 | | | 舞梦紫 | | 大丽黄天赞 | | 大丽血玛丽酒4 | | |
| 示意图片 | 仅适用于单头品种 头状花序：高度 | | | | | | | | |

性状29 仅适用于多头品种：头状花序：高度（QN，MS）

观测说明：在盛花期，取顶端头状花序，用直尺沿花序垂直面测量高度，植株取样数量10株，精确到0.1cm。详见表6-30。

表6-30 性状29的表达状态、代码、分级标准、标准品种

| 表达状态 | 极矮 | 极矮到矮 | 矮 | 矮到中 | 中 | 中到高 | 高 | 高到极高 | 极高 |
|---|---|---|---|---|---|---|---|---|---|
| 代 码 | 1 | 2 | 3 | 4 | 5 | 6 | 7 | 8 | 9 |
| 分级标准（cm） | ≤0.8 | 0.8～1.3 | 1.3～1.8 | 1.8～2.3 | 2.3～2.8 | 2.8～3.3 | 3.3～3.8 | 3.8～4.3 | ≥4.3 |
| 标准品种 | | | 乐然玉翠 | | DLFSCOT2 Scotch | | 燕华玫粉 | | |
| 示意图片 | 仅适用于多头品种 头状花序：高度 | | | | | | | | |

性状30 *仅适用于单瓣、半重瓣品种：头状花序：舌状小花数量（QN，MS）

观测说明：在盛花期，将舌状小花从花序中取下，计数每个花序中舌状小花的数量，计算平均数，植株取样数量10株。详见表6-31。

表6-31 性状30的表达状态、代码、分级标准、标准品种

| 表达状态 | 极少 | 极少到少 | 少 | 少到中 | 中 | 中到多 | 多 | 多到极多 | 极多 |
|---|---|---|---|---|---|---|---|---|---|
| 代 码 | 1 | 2 | 3 | 4 | 5 | 6 | 7 | 8 | 9 |
| 分级标准（cm） | ≤20 | 20～45 | 45～80 | 80～125 | 125～180 | 180～245 | 245～320 | 320～405 | ≥405 |
| 标准品种 | | | 柔情橙 | | 丰香秋茗 | | 东林紫晶 | | |

**性状31** *仅适用于半重瓣、重瓣品种：头状花序：舌状小花密度* (QN, VG)

观测说明：在盛花期，观测顶端头状花序。当花瓣4～5轮时，判定为代码3；当花瓣8～9轮时，判定为代码5；当花瓣12～13轮时，判定为代码7。详见表6-32。

表6-32　性状31的表达状态、代码、标准品种、参考图片

| 表达状态 | 极稀 | 极稀到稀 | 稀 | 稀到中 | 中 | 中到密 | 密 | 密到极密 | 极密 |
|---|---|---|---|---|---|---|---|---|---|
| 代码 | 1 | 2 | 3 | 4 | 5 | 6 | 7 | 8 | 9 |
| 标准品种 | | | 汴京紫梦 | | 火凤凰 | | 绚秋欢颜 | | |
| 参考图片 | | | | | | | | | |
| | | | 3 | | 5 | | 7 | | |

**性状32** *头状花序：舌状小花类型数量（PQ, VG）*

观测说明：在盛花期，除非另有说明，观测顶端头状花序最外轮小花；如无舌状小花，则不进行观测。详见表6-33。

表6-33　性状32的表达状态、代码、标准品种、参考图片

| 表达状态 | 1 | 2 | >2 |
|---|---|---|---|
| 代码 | 1 | 2 | 3 |
| 标准品种 | 汴京红日 | 燕华复古风 | 紫烟霞 |
| 参考图片 | | | |
| | 1 | 2 | 3 |

性状33　*头状花序：舌状小花主要类型（PQ，VG）

观测说明：在盛花期，除非另有说明，观测顶端头状花序最外轮小花；如无舌状小花，则不进行观测。详见表6-34。

表6-34　性状33的表达状态、代码、标准品种、参考图片

| 表达状态 | 平瓣 | 内曲 | 匙瓣 | 管瓣 | 漏斗状 |
|---|---|---|---|---|---|
| 代　码 | 1 | 2 | 3 | 4 | 5 |
| 标准品种 | 大丽奥兰达6 | 神马 | 燕华复古风 | 大丽巴尔塔萨12 | 舞梦紫 |
| 参考图片 | <br>1 | <br>2 | <br>3 | <br>4 | <br>5 |

性状34 *头状花序：舌状小花次要类型（PQ，VG）

观测说明：在盛花期，除非另有说明，观测顶端头状花序最外轮小花；如无舌状小花，则不进行观测。详见表6-35。

表6-35 性状34的表达状态、代码、标准品种、参考图片

| 表达状态 | 平瓣 | 内曲 | 匙瓣 | 管瓣 | 漏斗状 |
|---|---|---|---|---|---|
| 代　码 | 1 | 2 | 3 | 4 | 5 |
| 标准品种 | 大丽奥兰达6 | 神马 | 燕华复古风 | 大丽巴尔塔萨12 | 舞梦紫 |
| 参考图片 | | | | | |

性状35　舌状小花：毛刺（QL，VG）

观测说明：在盛花期，除非另有说明，观测顶端头状花序最外轮小花；如无舌状小花，则不进行观测。详见表6-36。

表6-36　性状35的表达状态、代码、标准品种、参考图片

| 表达状态 | 无 | 有 |
|---|---|---|
| 代码 | 1 | 9 |
| 标准品种 | 大丽奥兰达6 | 金凤还巢 |
| 参考图片 | | |
| | 1 | 9 |

性状36　*仅适用于单瓣、半重瓣品种：舌状小花：基部朝向（QN，VG）

观测说明：在盛花期，除非另有说明，观测顶端头状花序最外轮小花；如无舌状小花，则不进行观测。详见表6-37。

表6-37　性状36的表达状态、代码、标准品种、参考图片

| 表达状态 | 极向上 | 极向上到向上 | 向上 | 向上到水平 | 水平 | 水平到向下 | 向下 | 向下到极向下 | 极向下 |
|---|---|---|---|---|---|---|---|---|---|
| 代码 | 1 | 2 | 3 | 4 | 5 | 6 | 7 | 8 | 9 |
| 标准品种 | | | 燕华复古风 | | 汴京红日 | | 粉妍 | | |
| 参考图片 | | | | | | | | | |

（续）

| 表达状态 | 极向上 | 极向上到向上 | 向上 | 向上到水平 | 水平 | 水平到向下 | 向下 | 向下到极向下 | 极向下 |
|---|---|---|---|---|---|---|---|---|---|
| 参考图片 | | | 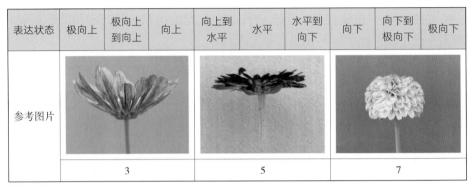 | | | | | | |
| | | | 3 | | 5 | | 7 | | |

## 性状37 舌状小花：上表面状态（PQ，VG）

观测说明：在盛花期，除非另有说明，观测顶端头状花序最外轮小花；如无舌状小花，则不进行观测。详见表6-38。

表6-38 性状37的表达状态、代码、标准品种、参考图片

| 表达状态 | 光滑 | 有棱 | 有龙骨 |
|---|---|---|---|
| 代　码 | 1 | 2 | 3 |
| 标准品种 | 东林春日 | 粉玫锦 | 大丽奥兰达6 |
| 参考图片 | | | |
| | 1 | 2 | 3 |

**性状38　仅适用于有龙骨品种：舌状小花：龙骨数量（QN，VG）**

观测说明：在盛花期，除非另有说明，观测顶端头状花序最外轮小花；如无舌状小花，则不进行观测。详见表6-39。

表6-39　性状38的表达状态、代码、标准品种、参考图片

| 表达状态 | 1 | 2 | >2 |
|---|---|---|---|
| 代　码 | 1 | 2 | 3 |
| 标准品种 | | 大丽奥兰达6 | 神马 |
| 参考图片 | | | |
| | 1 | 2 | 3 |

**性状39　*舌状小花：花冠筒长度（QN，VG）**

观测说明：在盛花期，除非另有说明，观测顶端头状花序最外轮小花；如无舌状小花，则不进行观测。当花冠筒长度为舌状小花的1/3时，判定为代码3；当花冠筒长度为舌状小花的1/2时，判定为代码5；当花冠筒长度为舌状小花的3/4时，判定为代码7。详见表6-40。

表6-40　性状39的表达状态、代码、标准品种、参考图片

| 表达状态 | 极短 | 极短到短 | 短 | 短到中 | 中 | 中到长 | 长 | 长到极长 | 极长 |
|---|---|---|---|---|---|---|---|---|---|
| 代　码 | 1 | 2 | 3 | 4 | 5 | 6 | 7 | 8 | 9 |
| 标准品种 | | | 粉玫锦 | | 东林紫笙 | | 舞梦紫 | | |

| 表达状态 | 极短 | 极短到短 | 短 | 短到中 | 中 | 中到长 | 长 | 长到极长 | 极长 |
|---|---|---|---|---|---|---|---|---|---|
| 参考图片 | | | | | | | | | |
| | | | 3 | | 5 | | | 7 | |

性状40 *舌状小花：花瓣最宽处横切面形状（QN，VG）

观测说明：在盛花期，除非另有说明，观测顶端头状花序最外轮小花；如无舌状小花，则不进行观测。详见表6-41。

表6-41 性状40的表达状态、代码、标准品种、参考图片

| 表达状态 | 边缘重叠型强凹陷 | 边缘接近型强凹陷 | 强凹陷 | 凹陷 | 略凹 | 平 | 略凸 | 凸 | 强凸 | 边缘接近型强凸 | 边缘重叠型强凸 |
|---|---|---|---|---|---|---|---|---|---|---|---|
| 代码 | 1 | 2 | 3 | 4 | 5 | 6 | 7 | 8 | 9 | 10 | 11 |
| 标准品种 | 墨王 | 京林菊1号 | 纽扣橙 | 马蒂斯 | 粉玫锦 | 东林春日 | 红颜 | DLFBAE3 Baebie | 金背大红 | 乐然玉翠 | |
| 参考图片 | | | | | | | | | | | |
| | 1 | | | | | | 2 | | | | |

| 表达状态 | 边缘重叠型强凹陷 | 边缘接近型强凹陷 | 强凹陷 | 凹陷 | 略凹 | 平 | 略凸 | 凸 | 强凸 | 边缘接近型强凸 | 边缘重叠型强凸 |
|---|---|---|---|---|---|---|---|---|---|---|---|
| 参考图片 | | | 3 | | | 4 | | | 5 | | |
| | | | 6 | | 7 | | | 8 | | | | |

| 表达状态 | 边缘重叠型强凹陷 | 边缘接近型强凹陷 | 强凹陷 | 凹陷 | 略凹 | 平 | 略凸 | 凸 | 强凸 | 边缘接近型强凸 | 边缘重叠型强凸 |
|---|---|---|---|---|---|---|---|---|---|---|---|
| 参考图片 | | | | | | | | | | | |
| | | 9 | | | 10 | | | | 11 | | |

### 性状41　舌状小花：边缘卷曲（QN，VG）

观测说明：在盛花期，除非另有说明，观测顶端头状花序最外轮小花；如无舌状小花，则不进行观测。详见表6-42。

表6-42　性状41的表达状态、代码、标准品种、参考图片

| 表达状态 | 强内卷 | 中内卷 | 弱内卷 | 不卷 | 弱外卷 | 中外卷 | 强外卷 |
|---|---|---|---|---|---|---|---|
| 代　码 | 1 | 2 | 3 | 4 | 5 | 6 | 7 |
| 标准品种 | 京林菊1号 | 内卷粉 | 圣雪 | 汴京红日 | 红颜 | DLFBAE3 Baebie | 乐然玉翠 |
| 参考图片 | | | | | | | |

| 表达状态 | 强内卷 | 中内卷 | 弱内卷 | 不卷 | 弱外卷 | 中外卷 | 强外卷 |
|---|---|---|---|---|---|---|---|
| 参考图片 | 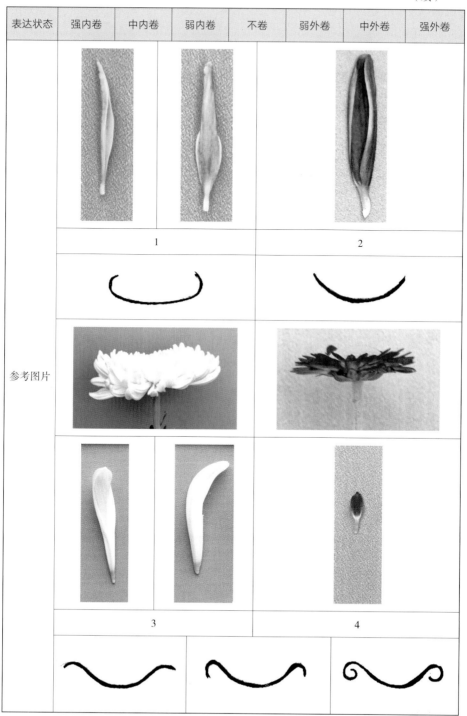 | | | | | | |

| 表达状态 | 强内卷 | 中内卷 | 弱内卷 | 不卷 | 弱外卷 | 中外卷 | 强外卷 |
|---|---|---|---|---|---|---|---|
| 参考图片 | | | | | | | |
| | 5 | | | 6 | | 7 | |

性状 42　*舌状小花：纵向姿态（PQ，VG）

观测说明：在盛花期，除非另有说明，观测顶端头状花序最外轮小花；如无舌状小花，则不进行观测。详见表6-43。

表6-43　性状42的表达状态、代码、标准品种、参考图片

| 表达状态 | 内曲 | 直伸 | 外翻 | S形 | 扭曲 | 折弯 |
|---|---|---|---|---|---|---|
| 代　码 | 1 | 2 | 3 | 4 | 5 | 6 |
| 标准品种 | 神马 | 京林菊2号 | 绚秋欢颜 | 大丽巴尔塔萨12 | 恋宇 | 墨染金盘 |
| 参考图片 | | | | | | |
| | 1 | | 2 | | 3 | |

| 表达状态 | 内曲 | 直伸 | 外翻 | S形 | 扭曲 | 折弯 |
|---|---|---|---|---|---|---|
| 参考图片 | 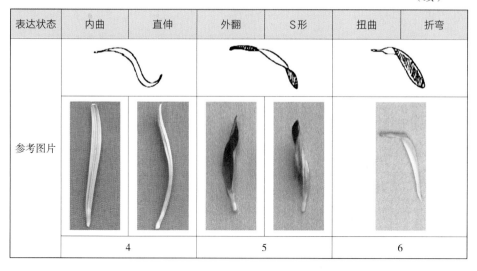 | | | | | |
| | 4 | | 5 | | 6 | |

性状43　仅适用于半重瓣、重瓣品种：舌状小花：内轮瓣纵向姿态（如果与外轮瓣不同）（PQ，VG）

观测说明：在盛花期，除非另有说明，观测半重瓣、重瓣品种顶端头状花序的内轮瓣纵向姿态（如果与外轮瓣不同）；如无舌状小花，则不进行观测。其分级标准可参考性状42。详见表6-44。

表6-44　性状43的表达状态、代码、标准品种、参考图片

| 表达状态 | 内曲 | 直伸 | 外翻 | S形 | 扭曲 | 折弯 |
|---|---|---|---|---|---|---|
| 代　码 | 1 | 2 | 3 | 4 | 5 | 6 |
| 标准品种 | 神马 | 京林菊2号 | 绚秋欢颜 | 大丽巴尔塔萨12 | 恋宇 | 墨染金盘 |
| 参考图片 | | | | | | |
| | 1 | | 2 | | 3 | |

（续）

| 表达状态 | 内曲 | 直伸 | 外翻 | S形 | 扭曲 | 折弯 |
|---|---|---|---|---|---|---|
| 参考图片 | 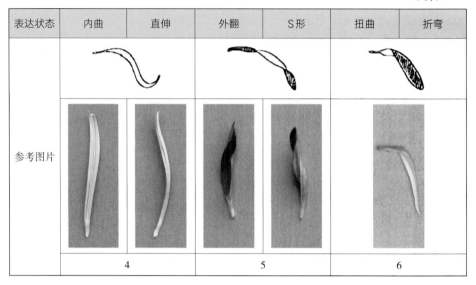 | | 4 | | 5 | 6 |

性状44　*舌状小花：长度（QN，MS）

观测说明：在盛花期，除非另有说明，观测顶端头状花序最外轮小花；如无舌状小花，则不进行观测。选择雌蕊充分伸展的小花，连同子房一并取下，用游标卡尺测定，植株取样数量10株，每株一个花序，精确到0.1cm。详见表6-45。

表6-45　性状44的表达状态、代码、分级标准、标准品种

| 表达状态 | 极短 | 极短到短 | 短 | 短到中 | 中 | 中到长 | 长 | 长到极长 | 极长 |
|---|---|---|---|---|---|---|---|---|---|
| 代码 | 1 | 2 | 3 | 4 | 5 | 6 | 7 | 8 | 9 |
| 分级标准（cm） | ≤1.5 | 1.5～2.5 | 2.5～3.5 | 3.5～4.5 | 4.5～5.5 | 5.5～6.5 | 6.5～7.5 | 7.5～8.5 | ≥8.5 |
| 标准品种 | | | 燕华明媚 | | 热诚 | | 大丽黄天赞 | | |
| 示意图片 | | | | | 舌状小花：长度 | | | | |

性状45  *舌状小花：宽度（QN, MS）

观测说明：在盛花期，除非另有说明，观测顶端头状花序最外轮小花；如无舌状小花，则不进行观测。选择雌蕊充分伸展的小花，连同子房一并取下，用游标卡尺测定，植株取样数量10株，每株一个花序，精确到0.1cm。详见表6-46。

表6-46  性状45的表达状态、代码、分级标准、标准品种

| 表达状态 | 窄 | 中 | 宽 |
|---|---|---|---|
| 代　码 | 1 | 2 | 3 |
| 分级标准（cm） | ≤0.8 | 0.8～1.6 | ≥1.6 |
| 标准品种 | 乐然玉翠 | 燕华玫粉 | 大丽黄天赞 |
| 示意图片 | 舌状小花：宽度 | | |

性状46  *舌状小花：长/宽比（QN, MS）

观测说明：在盛花期，除非另有说明，观测顶端头状花序最外轮小花；如无舌状小花，则不进行观测。植株取样数量10株，每株一个花序，取性状44和性状45测量数据的比值，精确到0.1。详见表6-47。

表6-47  性状46的表达状态、代码、分级标准、标准品种

| 表达状态 | 极小 | 极小到小 | 小 | 小到中 | 中 | 中到大 | 大 | 大到极大 | 极大 |
|---|---|---|---|---|---|---|---|---|---|
| 代　码 | 1 | 2 | 3 | 4 | 5 | 6 | 7 | 8 | 9 |
| 分级标准 | ≤2 | 2～4 | 4～6 | 6～8 | 8～10 | 10～12 | 12～14 | 14～16 | ≥16 |
| 标准品种 | | 大丽领英 | | | 东篱碧波 | | 大丽巴尔塔萨口 | | |

性状47  舌状小花：顶端形状（PQ, VG）

观测说明：在盛花期，除非另有说明，观测顶端头状花序最外轮小花；如无舌状小花，则不进行观测。植株取样数量10株，每株一个花序。详见表6-48。

表6-48　性状47的表达状态、代码、标准品种、参考图片

| 表达状态 | 尖 | 圆 | 平截 | 微凹 | 齿状 | 乳突状 | 流苏状 | 条裂状 |
|---|---|---|---|---|---|---|---|---|
| 代　码 | 1 | 2 | 3 | 4 | 5 | 6 | 7 | 8 |
| 标准品种 | 恋宇 | 纽扣橙 | 东林骄粉 | 神马 | 滇之桃 | 大丽奥兰达6 | | 舞梦紫 |

1　　　　　　　　　2

3　　　　　4　　　　　5

参考图片

（续）

| 表达状态 | 尖 | 圆 | 平截 | 微凹 | 齿状 | 乳突状 | 流苏状 | 条裂状 |
|---|---|---|---|---|---|---|---|---|
| 参考图片 | | | | | | | | |
| | | 6 | | 7 | | | 8 | |

性状48　*舌状小花：内侧颜色数量（QN，VG）

观测说明：在盛花期，除非另有说明，观测顶端头状花序最外轮小花；如无舌状小花，则不进行观测。植株取样数量10株，每株一个花序。详见表6-49。

表6-49　性状48的表达状态、代码、标准品种、参考图片

| 表达状态 | 1 | 2 | ＞2 |
|---|---|---|---|
| 代　　码 | 1 | 2 | 3 |
| 标准品种 | 乐然玉颜 | 燕华复古风 | 紫秋裳 |
| 参考图片 | | | |
| | 1 | 2 | 3 |

性状49　*舌状小花：内侧主色（PQ，VG）

观测说明：在盛花期，除非另有说明，观测顶端头状花序最外轮小花；如无舌状小花，则不进行观测。用RHS比色卡标定并记录，植株取样数量10株，每株一个花序。

性状50　*舌状小花：内侧次色（PQ，VG）

观测说明：在盛花期，除非另有说明，观测顶端头状花序最外轮小花；如无舌状小花，则不进行观测。当舌状小花内侧有一种以上颜色时，用RHS比色卡标定次要颜色并记录，植株取样数量10株，每株一个花序。

性状51　*舌状小花：内侧次色分布位置（PQ，VG）

观测说明：在盛花期，除非另有说明，观测顶端头状花序最外轮小花；如无舌状小花，则不进行观测。植株取样数量10株，每株一个花序。详见表6-50。

表6-50　性状51的表达状态、代码、标准品种、参考图片

| 表达状态 | 尖端 | 端部1/4 | 端部1/2 | 端部3/4 | 基部3/4 | 基部1/2 | 基部1/4 | 基部 | 边缘 | 边缘带 | 中脉带 | 横条带 | 全部 |
|---|---|---|---|---|---|---|---|---|---|---|---|---|---|
| 代　码 | 1 | 2 | 3 | 4 | 5 | 6 | 7 | 8 | 9 | 10 | 11 | 12 | 13 |
| 标准品种 | 东林辉煌 | DLFALAM12 Alamos | 京华绣橘 | | | | 霞云 | 萤火 | Dekwillem Orange | 汴京小太阳 | 海华粉醉 | 开龙红羽 | 燕华复古风 |
| 参考图片 | | | | | | | | | | | | | |

| 1 | 2 | 3 |
|---|---|---|

| 4 | 5 | 6 |
|---|---|---|

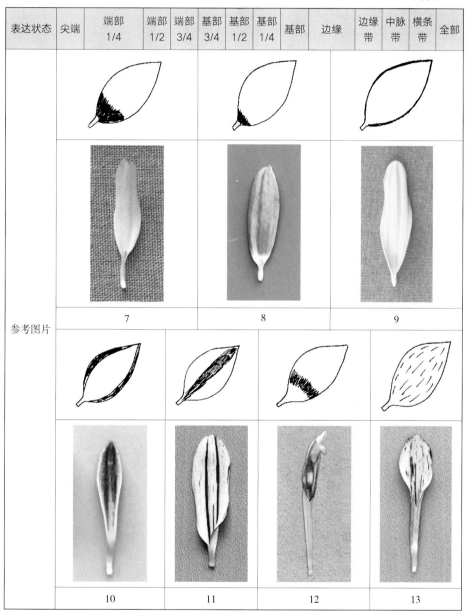

| 表达状态 | 尖端 | 端部 1/4 | 端部 1/2 | 端部 3/4 | 基部 3/4 | 基部 1/2 | 基部 1/4 | 基部 | 边缘 | 边缘带 | 中脉带 | 横条带 | 全部 |
|---|---|---|---|---|---|---|---|---|---|---|---|---|---|

性状52　*舌状小花：内侧次色分布形式（PQ，VG）

观测说明：在盛花期，除非另有说明，观测顶端头状花序最外轮小花；如无舌状小花，则不进行观测。植株取样数量10株，每株一个花序。详见表6-51。

表6-51　性状52的表达状态、代码、标准品种、参考图片

| 表达状态 | 连续或近连续 | 细沙点晕斑 | 模糊条纹 | 清晰条纹 | 斑点 | 斑点和条纹 | 斑块 |
|---|---|---|---|---|---|---|---|
| 代　码 | 1 | 2 | 3 | 4 | 5 | 6 | 7 |
| 标准品种 | DLFALAM12 Alamos | 京华绣橘 | DLFSERE3 | 海华粉醉 | | 大丽领英 | |
| 参考图片 | 1 | 2 | 3 | | | | |
| | 4 | 5 | 6 | | | 7 | |

性状53　*舌状小花：外侧与内侧颜色比较（PQ，VG）

观测说明：在盛花期，除非另有说明，观测顶端头状花序最外轮小花；如无舌状小花，则不进行观测。植株取样数量10株，每株一个花序。详见表6-52。

表6-52　性状53的表达状态、代码、标准品种、参考图片

| 表达状态 | 相似 | | 不同 | |
|---|---|---|---|---|
| 代　码 | 1 | | 2 | |
| 标准品种 | DLFLICI1 | | 金背大红 | |
| 参考图片 | | | | |
| | 1 | | 2 | |

性状54　*舌状小花：外侧颜色（内侧与外侧明显不同时）（PQ，VG）

观测说明：在盛花期，除非另有说明，观测顶端头状花序最外轮小花；如无舌状小花，则不进行观测。当舌状小花外侧颜色与内侧颜色明显不同时，用RHS比色卡标定外侧颜色并记录，植株取样数量10株，每株一个花序。

性状55　仅适用于单瓣、半重瓣非托桂型品种：花心：直径（QN，MS）

观测说明：在盛花期，取顶端头状花序花心，用游标卡尺沿花序水平面测定，植株取样数量10株，每株测一个花序，精确到0.01cm。详见表6-53。

表6-53　性状55的表达状态、代码、分级标准、标准品种

| 表达状态 | 极小 | 极小到小 | 小 | 小到中 | 中 | 中到大 | 大 | 大到极大 | 极大 |
|---|---|---|---|---|---|---|---|---|---|
| 代　码 | 1 | 2 | 3 | 4 | 5 | 6 | 7 | 8 | 9 |
| 分级标准（cm） | ≤0.45 | 0.45～0.75 | 0.75～1.05 | 1.05～1.35 | 1.35～1.65 | 1.65～1.95 | 1.95～2.25 | 2.25～2.55 | ≥2.55 |
| 标准品种 | | | 京林菊1号 | | 昂口红 | | 紫龙献爪 | | |
| 示意图片 | 仅适用于单瓣、半重瓣非托桂型品种：花心：直径 | | | | | | | | |

性状56　*仅适用于单瓣、半重瓣非托桂型品种：花心：直径相对于头状花序直径的大小（QN，VG）

观测说明：在盛花期，取顶端头状花序花心。植株取样数量10株，每株一个花序。当花心直径为头状花序直径的1/5时，判定为代码3；当花心直径为头状花序直径的1/3时，判定为代码5；当花心直径为头状花序直径的1/2时，判定为代码7。详见表6-54。

表6-54　性状56的表达状态、代码、标准品种、参考图片

| 表达状态 | 极小 | 极小到小 | 小 | 小到中 | 中 | 中到大 | 大 | 大到极大 | 极大 |
|---|---|---|---|---|---|---|---|---|---|
| 代　码 | 1 | 2 | 3 | 4 | 5 | 6 | 7 | 8 | 9 |
| 标准品种 | | | 大丽哥德 | | 金色九月 | | 小葵香 | | |
| 参考图片 | | | | | | | | | |
| | | | 3 | | 5 | | 7 | | |

性状57　*仅适用于非托桂型品种：花心：颜色（花药开裂前）（PQ，VG）

观测说明：在盛花期，取顶端头状花序花心。植株取样数量10株，每株一个花序。详见表6-55。

表6-55　性状57的表达状态、代码、标准品种、参考图片

| 表达状态 | 白色 | 绿色 | 黄绿色 | 淡黄色 | 黄色 | 橙黄色 | 橙色 | 红棕色 | 棕色 | 棕黑色 | 紫黑色 |
|---|---|---|---|---|---|---|---|---|---|---|---|
| 代　码 | 1 | 2 | 3 | 4 | 5 | 6 | 7 | 8 | 9 | 10 | 11 |
| 标准品种 | | 大丽哥德 | 燕华复古风 | | 奶油杏芳 | 汴京红日 | | 墨染金盘 | 大丽奥兰达6 | DLFYIN1 Yin Yang | 紫水晶 |
| 参考图片 | | | | | | | | | | | |
| | 1 | | | | | | 2 | | | | |

（续）

| 表达状态 | 白色 | 绿色 | 黄绿色 | 淡黄色 | 黄色 | 橙黄色 | 橙色 | 红棕色 | 棕色 | 棕黑色 | 紫黑色 |
|---|---|---|---|---|---|---|---|---|---|---|---|
| 参考图片 | 3 | | | 4 | | | | 5 | | | |
| | 6 | | | 7 | | | | 8 | | | |
| | 9 | | | 10 | | | | 11 | | | |

性状58　*仅适用于非托桂型品种：花心：中部深色区（花药开裂前）(QL, VG)

观测说明：在盛花期，取顶端头状花序花心。植株取样数量10株，每株一个花序。详见表6–56。

表6-56　性状58的表达状态、代码、标准品种、参考图片

| 表达状态 | 无 | 有 |
|---|---|---|
| 代　码 | 1 | 9 |
| 标准品种 | 汴京红日 | 爱之橙 |
| 参考图片 | 1 | 9 |

性状59　*仅适用于托桂型品种：花心：颜色（花药开裂前）（PQ，VG）

观测说明：在盛花期，取顶端头状花序花心。用RHS比色卡标定并记录，植株取样数量10株，每株一个花序。详见图6-1。

图6-1　适用于托桂型品种：　花心：颜色（花药开裂前）

性状60　*仅适用于托桂型品种：花心：颜色（花药开裂时）（PQ，VG）

观测说明：在盛花期，取顶端头状花序花心。用RHS比色卡标定并记录，植株取样数量10株，每株一个花序。详见图6-2。

图6-2　适用于托桂型品种：　花心：颜色（花药开裂前）

性状61　仅适用于托桂型品种：管状小花：类型（PQ，VG）

观测说明：在盛花期，取顶端头状花序花心花药开裂时的外轮管状小花。植株取样数量10株，每株一个花序。详见表6-57。

表6-57　性状61的表达状态、代码、标准品种、参考图片

| 表达状态 | 针状 | 管状 | 漏斗状 | 管状（上端增粗） | 花瓣状 |
|---|---|---|---|---|---|
| 代　　码 | 1 | 2 | 3 | 4 | 5 |
| 标准品种 |  | DLFLICI1 | 乐然玉颜 | 大黄托桂 | 铺地淡粉 |

| 表达状态 | 针状 | 管状 | 漏斗状 | 管状（上端增粗） | 花瓣状 |
|---|---|---|---|---|---|
| 参考图片 | | 1 | | 2 | |
| | 3 | 4 | | 5 | |

性状62　仅适用于托桂型品种：管状小花：颜色（PQ，VG）

观测说明：在盛花期，取顶端头状花序花心花药开裂时的外轮管状小花。用RHS比色卡标定并记录。植株取样数量10株，每株一个花序。

性状63　仅适用于托桂型品种：管状小花：长度（QN，MS）

观测说明：在盛花期，取顶端头状花序花心花药开裂时的外轮管状小花，选择雌蕊充分伸展的小花，连同子房一并取下，用游标卡尺测定，植株取样数量10株，每株一个花序，精确到0.01cm。详见表6-58。

表6-58 性状63的表达状态、代码、分级标准、标准品种

| 表达状态 | 极短 | 极短到短 | 短 | 短到中 | 中 | 中到长 | 长 | 长到极长 | 极长 |
|---|---|---|---|---|---|---|---|---|---|
| 代 码 | 1 | 2 | 3 | 4 | 5 | 6 | 7 | 8 | 9 |
| 分级标准（cm） | ≤0.65 | 0.65～0.95 | 0.95～1.25 | 1.25～1.55 | 1.55～1.85 | 1.85～2.15 | 2.15～2.45 | 2.45～2.75 | ≥2.75 |
| 标准品种 | | | 铺地淡粉 | | 大丽斯特雷 | | | | |
| 参考图片 | 仅适用于托桂型品种<br>管状小花：长度 | | | | | | | | |

---

# 第七章

# 菊花品种DUS测试特异性照片拍摄及说明

## 一、植株

拍摄时期：盛花期。

材料准备：一般选单瓣、半重瓣品种花药开裂前；重瓣品种顶端头状花序充分绽放时的健康、无病虫害的植株。将植株栽在花盆中放置在拍摄台上，左侧放置塔尺。

拍摄时间和地点：室内（不透光），全天候。室外晴天或多云天气的背阴处。

拍摄背景：中性灰背景布。

拍摄技术要求：

分辨率：2 784×1 856以上（基于尼康D5）。

光线：密闭室内顶部2个日光灯，外加2个LED补光灯。

拍摄角度：顺光或侧光平摄。

拍摄模式：程序手动模式（简称M模式）或P模式。

白平衡模式：日光。

白平衡模式：背阴。

物距：200～300cm。

相机固定方式：重型相机升降架固定。

详见图7-1。

## 二、茎

拍摄时期：始花期。

图7-1　植株的照片

材料准备：一般选茎秆自上而下1/3处的茎。将茎放置在拍摄台上。

拍摄时间和地点：室内（不透光），全天候。

拍摄背景：灰色绒背景布。

拍摄技术要求：

　　　分辨率：4 176×2 784以上（基于尼康D5）。

　　　光线：固定光源（密闭室内顶部2个日光灯，外加2个LED补光灯）。

　　　拍摄角度：垂直俯拍。

　　　拍摄模式：程序手动模式（简称M模式）。

　　　白平衡模式：日光。

　　　物距：40cm左右。

　　　相机固定方式：重型相机升降架固定。

详见图7-2。

图7-2　茎的照片

拍摄时期：盛花期。

材料准备：一般选健康、无病虫害植株的茎秆自上而下1/3处的茎上的叶片。将叶片放置在拍摄台上。

拍摄时间和地点：室内（不透光），全天候。

拍摄背景：灰色绒背景布。

拍摄技术要求：

分辨率：2 784×1 856以上（基于尼康D5）。

光线：固定光源（密闭室内顶部2个日光灯，外加2个LED补光灯）。

拍摄角度：垂直俯拍。

拍摄模式：程序手动模式（简称M模式）。

白平衡模式：日光。

物距：40cm左右。

相机固定方式：重型相机升降架固定。

详见图7-3。

图7-3　叶的照片

拍摄时期：顶蕾显色期。

材料准备：一般选顶蕾充分显色，且即将开放时的健康、无病虫害的花蕾。将花蕾放置在拍摄台上。

拍摄时间和地点：室内（不透光），全天候。

拍摄背景：灰色绒背景布。

拍摄技术要求：

分辨率：4 176×2 784以上（基于尼康D5）。

光线：固定光源，密闭室内顶部2个日光灯，外加2个LED补光灯。

拍摄角度：垂直俯拍。

拍摄模式：程序手动模式（简称M模式）。

白平衡模式：日光。

物距：40cm左右。

相机固定方式：重型相机升降架固定。

详见图7-4。

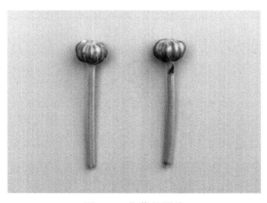

图7-4　花蕾的照片

五、头状花序（正面背面照）

拍摄时期：盛花期。

材料准备：一般选单瓣、半重瓣品种花药开裂前；重瓣品种顶端头状花序充分绽放时的健康、无病虫害的头状花序。将头状花序放置在拍摄台上，左侧放置直尺。

拍摄时间和地点：室内（不透光），全天候。

拍摄背景：灰色绒背景布。

拍摄技术要求：

  分辨率：4 176×2 784以上（基于尼康D5）。

  光线：固定光源，密闭室内顶部2个日光灯，外加2个LED补光灯。

  拍摄角度：垂直俯拍。

  拍摄模式：程序手动模式（简称M模式）。

  白平衡模式：日光。

  物距：40cm左右。

  相机固定方式：重型相机升降架固定。

详见图7-5。

图7-5 头状花序正面和背面的照片

## 六、头状花序（侧面照）

拍摄时期：盛花期。

材料准备：一般选半重瓣品种花药开裂前；重瓣品种顶端头状花序充分绽放时的健康、无病虫害的头状花序。将头状花序放置在拍摄台上。

拍摄时间和地点：室内（不透光），全天候。

拍摄背景：灰色绒背景布。

拍摄技术要求：

  分辨率：2 784×1 856以上（基于尼康D5）。

  光线：固定光源，密闭室内顶部2个日光灯，外加2个LED补光灯。

  拍摄角度：垂直俯拍。

  拍摄模式：程序手动模式（简称M模式）。

  白平衡模式：日光。

  物距：40cm左右。

相机固定方式：重型相机升降架固定。

详见图7-6。

图7-6　头状花序侧面的照片

## 七、舌状小花（正面、背面、侧面照）

拍摄时期：盛花期。

材料准备：一般选健康、无病虫害的舌状小花。将舌状小花放置在拍摄台上。

拍摄时间和地点：室内（不透光），全天候。

拍摄背景：灰色绒背景布。

拍摄技术要求：

分辨率：5 568×3 721以上（基于尼康D5）。

光线：固定光源，密闭室内顶部2个日光灯，外加2个LED补光灯。

拍摄角度：垂直俯拍。

拍摄模式：程序手动模式（简称M模式）。

白平衡模式：日光。

物距：40cm左右。

相机固定方式：重型相机升降架固定。

详见图7-7。

## 八、管状小花

拍摄时期：盛花期。

图7-7　舌状小花正面、背面、侧面的照片

材料准备：一般选健康、无病虫害的管状小花。将管状小花放置在拍摄台上。

拍摄时间和地点：室内（不透光），全天候。

拍摄背景：灰色绒背景布。

拍摄技术要求：

分辨率：5 568×3 721以上（基于尼康D5）。

光线：固定光源，密闭室内顶部2个日光灯，外加2个LED补光灯。

拍摄角度：垂直俯拍。

拍摄模式：程序手动模式（简称M模式）。

白平衡模式：日光。

物距：40cm左右。

相机固定方式：重型相机升降架固定。

详见图7-8。

图7-8　管状小花的照片

# 第八章

## 数据分析、测试报告、不合格
## 品种处理程序

一、 数据分析

（一）原始数据录入

原始数据录入表格见图8-1。

（二）异常值识别与处理

通过使用DUSCEL3.5的分析软件进行数据分析。异常值识别共有三种方法：Valid、BxPlt、StDev。

1. Valid法

检查横排数据是否符合指南中数据类型、最小值、最大值的设置，异常值红色显示，详见图8-2。

2. BxPlt法

柱线法检验MS性状异常值，详见图8-3。

3. StDev法

三倍标准差法检验MS性状异常值，详见图8-4。

4. 异常值的处理

检查原始记录，确定是否为输入错误造成，如果是输入错误造成，直接修改电子记录。有些输入错误很明显，可以直接判定，如数字重复（88，正确为8），小数点打成0（4105，正确为41.5），漏小数点（105，正确为10.5），

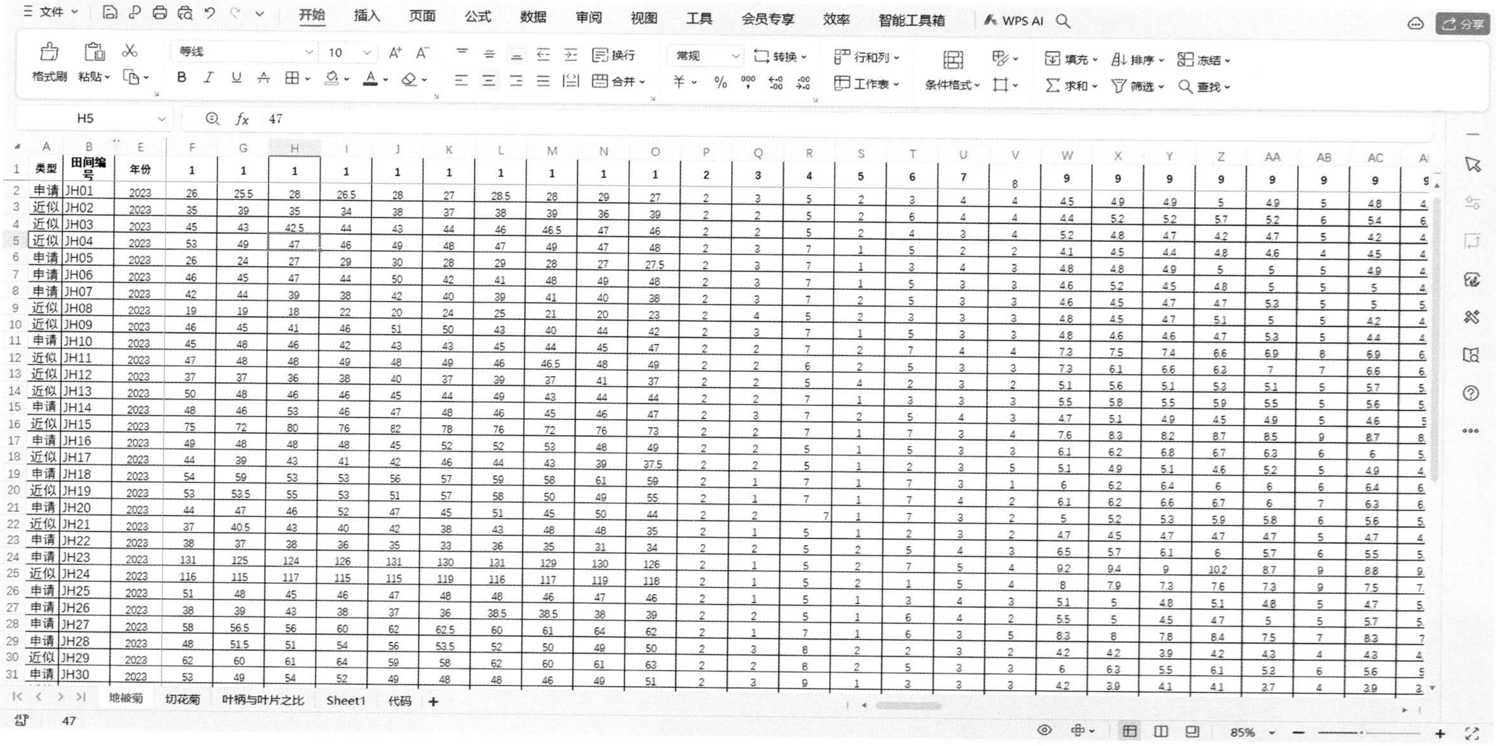

| | A | B | E | F | G | H | I | J | K | L | M | N | O | P | Q | R | S | T | U | V | W | X | Y | Z | AA | AB | AC | A |
|---|---|---|---|---|---|---|---|---|---|---|---|---|---|---|---|---|---|---|---|---|---|---|---|---|---|---|---|---|
| 1 | 类型 | 田间编号 | 年份 | 1 | 1 | 1 | 1 | 1 | 1 | 1 | 1 | 1 | 1 | 2 | 3 | 4 | 5 | 6 | 7 | 8 | 9 | 9 | 9 | 9 | 9 | 9 | 9 | 9 |
| 2 | 申请 | JH01 | 2023 | 26 | 25.5 | 28 | 26.5 | 28 | 27 | 28.5 | 28 | 29 | 27 | 2 | 3 | 5 | 2 | 3 | 4 | 4 | 4.5 | 4.9 | 4.9 | 5 | 4.9 | 5 | 4.8 | 4 |
| 3 | 近似 | JH02 | 2023 | 35 | 39 | 35 | 34 | 38 | 37 | 38 | 39 | 36 | 39 | 2 | 2 | 5 | 2 | 6 | 4 | 4 | 4.4 | 5.2 | 5.2 | 5.7 | 5.2 | 6 | 5.4 | 6 |
| 4 | 近似 | JH03 | 2023 | 45 | 43 | 42.5 | 44 | 43 | 44 | 46 | 46.5 | 47 | 46 | 2 | 2 | 5 | 2 | 4 | 3 | 4 | 5.2 | 4.8 | 4.7 | 4.2 | 4.7 | 5 | 4.2 | 4 |
| 5 | 近似 | JH04 | 2023 | 53 | 49 | 47 | 46 | 49 | 48 | 47 | 49 | 47 | 48 | 2 | 3 | 7 | 1 | 5 | 2 | 2 | 4.1 | 4.5 | 4.4 | 4.8 | 4.6 | 4 | 4.5 | 4 |
| 6 | 申请 | JH05 | 2023 | 26 | 24 | 27 | 29 | 30 | 28 | 29 | 28 | 27 | 27.5 | 2 | 3 | 7 | 1 | 3 | 4 | 3 | 4.8 | 4.8 | 4.9 | 5 | 5 | 5 | 4.9 | 4 |
| 7 | 申请 | JH06 | 2023 | 46 | 45 | 47 | 44 | 50 | 42 | 41 | 48 | 49 | 48 | 2 | 3 | 7 | 1 | 5 | 3 | 3 | 4.6 | 5.2 | 4.5 | 4.8 | 5 | 5 | 5 | 4 |
| 8 | 申请 | JH07 | 2023 | 42 | 44 | 39 | 38 | 42 | 40 | 39 | 41 | 40 | 38 | 2 | 3 | 7 | 2 | 5 | 3 | 3 | 4.6 | 4.5 | 4.7 | 4.7 | 5.3 | 5 | 5 | 5 |
| 9 | 近似 | JH08 | 2023 | 19 | 19 | 18 | 22 | 20 | 24 | 25 | 21 | 20 | 23 | 2 | 4 | 5 | 2 | 3 | 3 | 3 | 4.8 | 4.5 | 4.7 | 5.1 | 5 | 5 | 4.2 | 4 |
| 10 | 近似 | JH09 | 2023 | 46 | 45 | 41 | 46 | 51 | 50 | 43 | 40 | 44 | 42 | 2 | 3 | 7 | 1 | 5 | 3 | 3 | 4.8 | 4.6 | 4.6 | 4.7 | 5.3 | 5 | 4.4 | 4 |
| 11 | 申请 | JH10 | 2023 | 45 | 48 | 46 | 42 | 43 | 43 | 45 | 44 | 45 | 47 | 2 | 2 | 7 | 2 | 7 | 4 | 4 | 7.3 | 7.5 | 7.4 | 6.6 | 6.9 | 8 | 6.9 | 6 |
| 12 | 近似 | JH11 | 2023 | 47 | 48 | 48 | 49 | 48 | 49 | 46 | 46.5 | 48 | 49 | 2 | 2 | 6 | 2 | 5 | 3 | 3 | 7.3 | 6.1 | 6.6 | 6.3 | 7 | 7 | 6.6 | 6 |
| 13 | 近似 | JH12 | 2023 | 37 | 37 | 36 | 38 | 40 | 37 | 39 | 37 | 41 | 37 | 2 | 2 | 5 | 4 | 2 | 3 | 2 | 5.1 | 5.6 | 5.1 | 5.3 | 5.1 | 5 | 5.7 | 5 |
| 14 | 近似 | JH13 | 2023 | 50 | 48 | 46 | 46 | 45 | 44 | 49 | 43 | 44 | 44 | 2 | 2 | 7 | 1 | 3 | 3 | 3 | 5.5 | 5.8 | 5.5 | 5.9 | 5.5 | 5 | 5.6 | 5 |
| 15 | 申请 | JH14 | 2023 | 48 | 46 | 53 | 46 | 47 | 48 | 46 | 45 | 46 | 47 | 2 | 3 | 7 | 2 | 5 | 4 | 3 | 4.7 | 5.1 | 4.9 | 4.5 | 4.9 | 5 | 4.6 | 5 |
| 16 | 近似 | JH15 | 2023 | 75 | 72 | 80 | 76 | 82 | 78 | 76 | 72 | 76 | 73 | 2 | 2 | 7 | 1 | 7 | 3 | 4 | 7.6 | 8.3 | 8.2 | 8.7 | 8.5 | 9 | 8.7 | 8 |
| 17 | 申请 | JH16 | 2023 | 49 | 48 | 48 | 48 | 45 | 52 | 52 | 53 | 48 | 49 | 2 | 2 | 5 | 1 | 5 | 3 | 3 | 6.1 | 6.2 | 6.8 | 6.7 | 6.3 | 6 | 6 | 5 |
| 18 | 近似 | JH17 | 2023 | 44 | 39 | 43 | 41 | 42 | 46 | 44 | 43 | 39 | 37.5 | 2 | 2 | 5 | 1 | 2 | 3 | 5 | 5.1 | 4.9 | 5.1 | 4.6 | 5.2 | 5 | 4.9 | 4 |
| 19 | 申请 | JH18 | 2023 | 54 | 59 | 53 | 53 | 56 | 57 | 59 | 58 | 61 | 59 | 2 | 1 | 7 | 1 | 7 | 3 | 1 | 6 | 6.2 | 6.4 | 6 | 6 | 6 | 6.4 | 6 |
| 20 | 近似 | JH19 | 2023 | 53 | 53.5 | 55 | 53 | 51 | 57 | 58 | 50 | 49 | 55 | 2 | 1 | 7 | 1 | 7 | 4 | 2 | 6.1 | 6.2 | 6.6 | 6.7 | 6 | 7 | 6.3 | 6 |
| 21 | 申请 | JH20 | 2023 | 44 | 47 | 46 | 52 | 47 | 45 | 51 | 45 | 50 | 44 | 2 | 2 | 7 | 1 | 7 | 3 | 2 | 5 | 5.2 | 5.3 | 5.9 | 5.8 | 6 | 5.6 | 5 |
| 22 | 近似 | JH21 | 2023 | 37 | 40.5 | 43 | 40 | 42 | 38 | 43 | 48 | 48 | 35 | 2 | 1 | 5 | 1 | 2 | 3 | 2 | 4.7 | 4.5 | 4.7 | 4.7 | 4.7 | 5 | 4.7 | 4 |
| 23 | 申请 | JH22 | 2023 | 38 | 37 | 38 | 36 | 35 | 33 | 36 | 35 | 31 | 34 | 2 | 2 | 5 | 2 | 5 | 4 | 3 | 6.5 | 5.7 | 6.1 | 6 | 5.7 | 6 | 5.5 | 5 |
| 24 | 申请 | JH23 | 2023 | 131 | 125 | 124 | 126 | 131 | 130 | 131 | 129 | 130 | 126 | 2 | 1 | 5 | 2 | 7 | 5 | 4 | 9.2 | 9.4 | 9 | 10.2 | 8.7 | 9 | 8.8 | 9 |
| 25 | 近似 | JH24 | 2023 | 116 | 115 | 117 | 115 | 115 | 119 | 116 | 117 | 119 | 118 | 2 | 1 | 5 | 2 | 1 | 5 | 4 | 8 | 7.9 | 7.3 | 7.6 | 7.3 | 9 | 7.5 | 7 |
| 26 | 申请 | JH25 | 2023 | 51 | 48 | 45 | 46 | 47 | 48 | 48 | 46 | 47 | 46 | 2 | 1 | 5 | 1 | 3 | 4 | 3 | 5.1 | 5 | 4.8 | 5.1 | 4.8 | 5 | 4.7 | 5 |
| 27 | 申请 | JH26 | 2023 | 38 | 39 | 43 | 38 | 37 | 36 | 38.5 | 38.5 | 38 | 39 | 2 | 2 | 5 | 1 | 6 | 4 | 2 | 5.5 | 5 | 4.5 | 4.7 | 5 | 5 | 5.7 | 5 |
| 28 | 申请 | JH27 | 2023 | 58 | 56.5 | 56 | 60 | 62 | 62.5 | 60 | 61 | 64 | 62 | 2 | 1 | 7 | 1 | 6 | 3 | 5 | 8.3 | 8 | 7.8 | 8.4 | 7.5 | 7 | 8.3 | 7 |
| 29 | 申请 | JH28 | 2023 | 48 | 51.5 | 51 | 54 | 56 | 53.5 | 52 | 50 | 49 | 50 | 2 | 3 | 8 | 2 | 2 | 3 | 2 | 4.2 | 4.2 | 3.9 | 4.2 | 4.3 | 4 | 4.3 | 4 |
| 30 | 近似 | JH29 | 2023 | 62 | 60 | 61 | 64 | 59 | 58 | 62 | 60 | 61 | 63 | 2 | 2 | 8 | 2 | 5 | 3 | 3 | 6 | 6.3 | 5.5 | 6.1 | 5.3 | 6 | 5.6 | 5 |
| 31 | 申请 | JH30 | 2023 | 53 | 49 | 54 | 52 | 49 | 48 | 48 | 46 | 49 | 51 | 2 | 3 | 9 | 1 | 3 | 3 | 3 | 4.2 | 3.9 | 4.1 | 4.1 | 3.7 | 4 | 3.9 | 3 |

图 8-1　原始数据录入表格

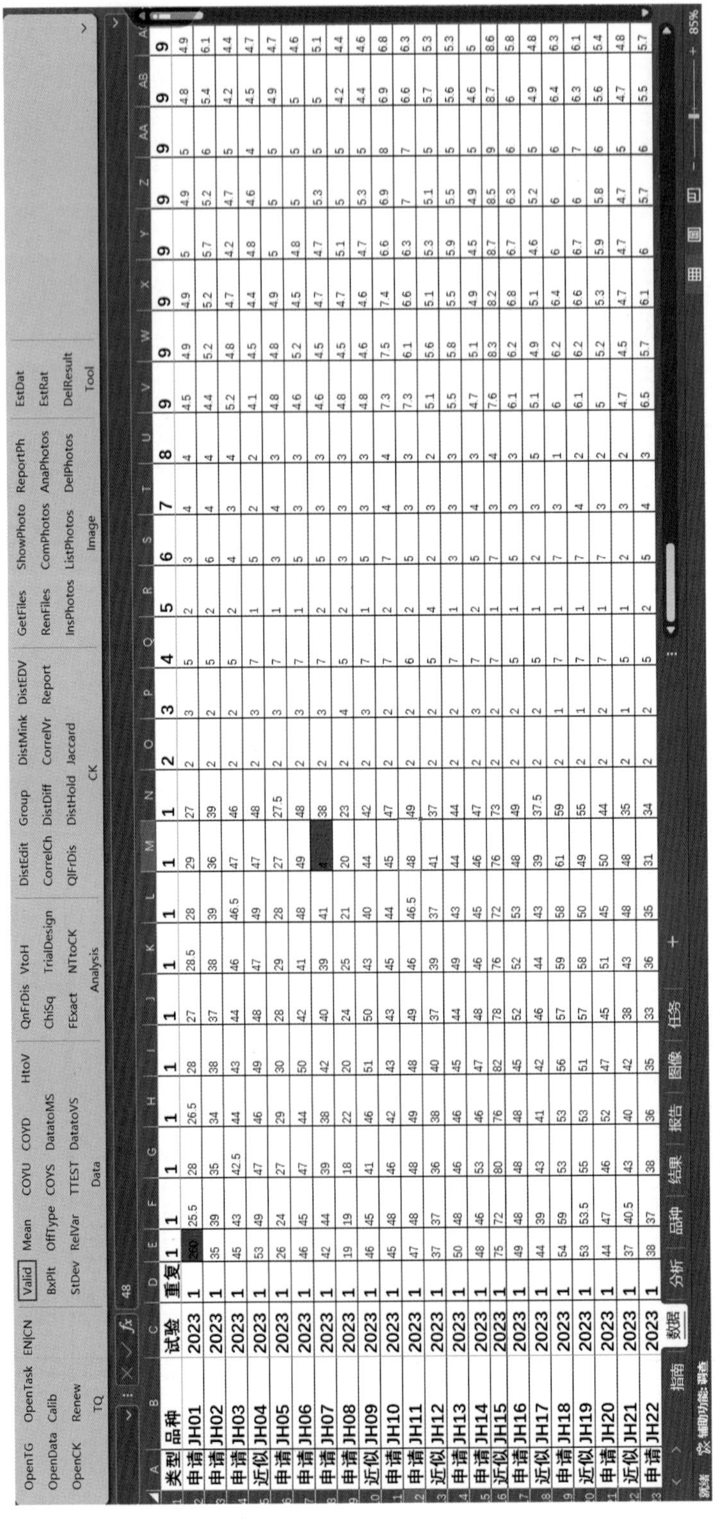

图8-2　异常值识别结果（Valid法）

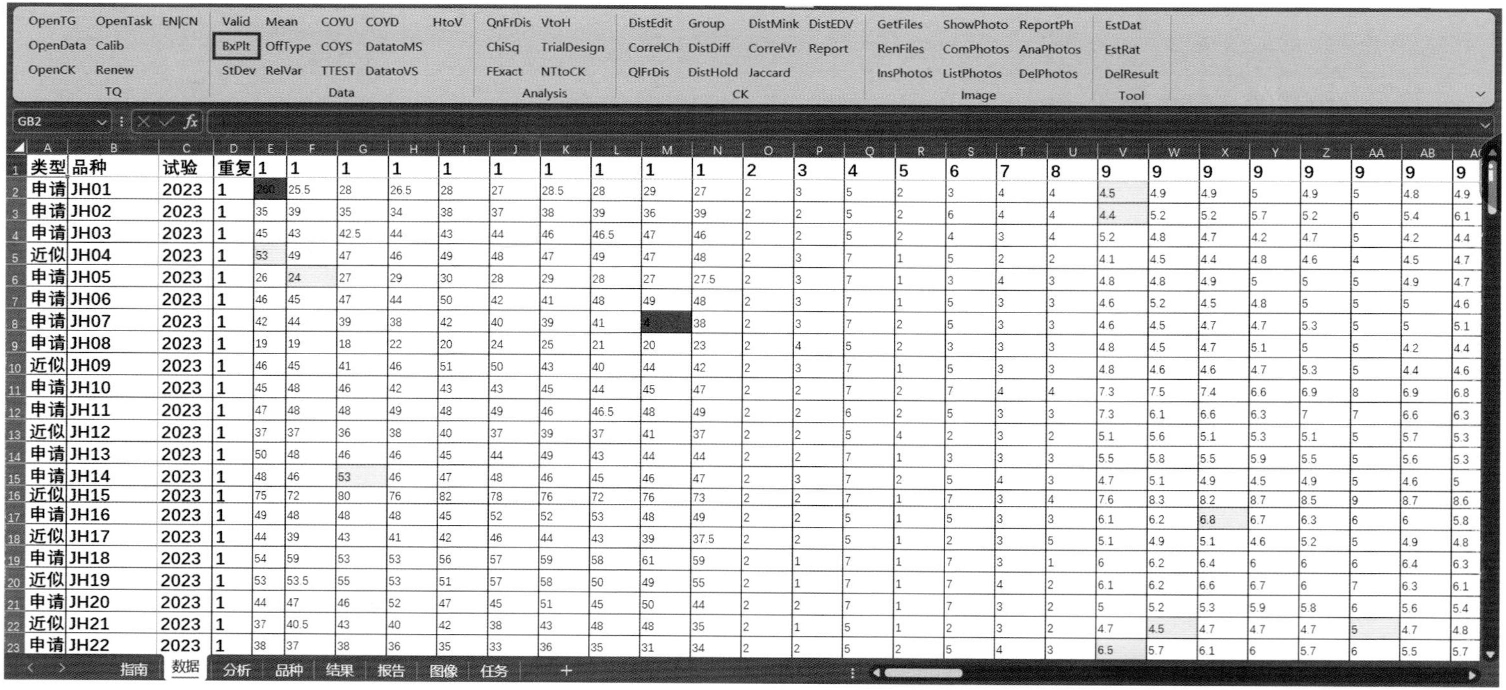

图 8-3　异常值识别结果（BxPlt 法）

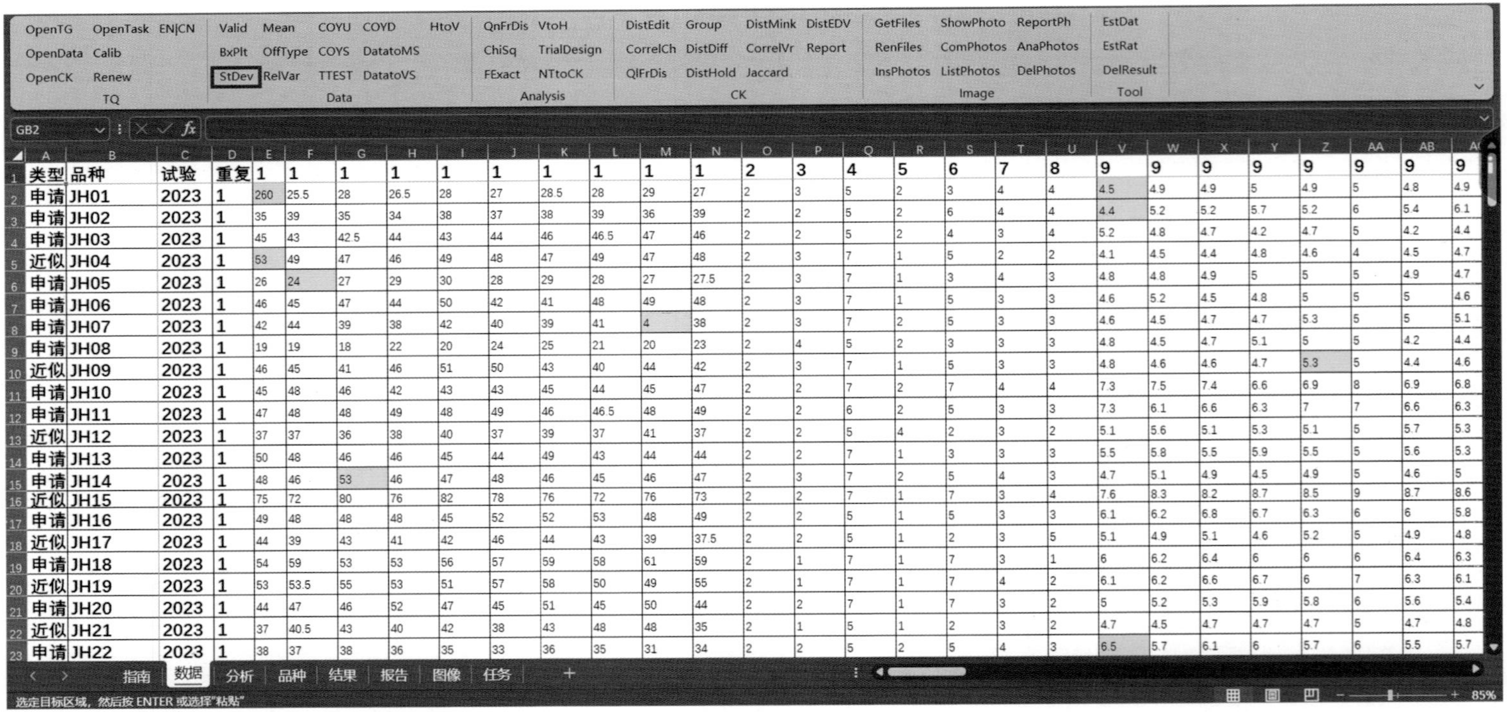

| OpenTG | OpenTask | EN\|CN | | Valid | Mean | | COYU | COYD | HtoV | | QnFrDis | VtoH | | DistEdit | Group | | DistMink | DistEDV | | GetFiles | ShowPhoto | ReportPh | | EstDat | |
|---|---|---|---|---|---|---|---|---|---|---|---|---|---|---|---|---|---|---|---|---|---|---|---|---|
| OpenData | Calib | | | BxPlt | OffType | | COYS | DatatoMS | | | ChiSq | TrialDesign | | CorrelCh | DistDiff | | CorrelVr | Report | | RenFiles | ComPhotos | AnaPhotos | | EstRat | |
| OpenCK | Renew | | | StDev | RelVar | | TTEST | DatatoVS | | | FExact | NTtoCK | | QlFrDis | DistHold | Jaccard | | | | InsPhotos | ListPhotos | DelPhotos | | DelResult | |
| | TQ | | | | | Data | | | | | | Analysis | | | | CK | | | | | Image | | | Tool | |

GB2

| | 类型 | 品种 | 试验 | 重复 | 1 | 1 | | 1 | | 1 | | 1 | | 1 | | 1 | | 1 | 2 | 3 | 4 | 5 | 6 | 7 | 8 | 9 | 9 | 9 | 9 | 9 | 9 | 9 | 9 |
|---|---|---|---|---|---|---|---|---|---|---|---|---|---|---|---|---|---|---|---|---|---|---|---|---|---|---|---|---|---|---|---|---|---|
| 2 | 申请 | JH01 | 2023 | 1 | 260 | 25.5 | 28 | 26.5 | 28 | 27 | 28.5 | 28 | 29 | 27 | 2 | 3 | 5 | 2 | 3 | 4 | 4 | 4.5 | 4.9 | 4.9 | 5 | 4.9 | 5 | 4.8 | 4.9 |
| 3 | 申请 | JH02 | 2023 | 1 | 35 | 39 | 35 | 34 | 38 | 37 | 38 | 39 | 36 | 39 | 2 | 2 | 5 | 2 | 6 | 4 | 4 | 4.4 | 5.2 | 5.2 | 5.7 | 5.2 | 6 | 5.4 | 6.1 |
| 4 | 申请 | JH03 | 2023 | 1 | 45 | 45 | 42.5 | 44 | 43 | 44 | 46 | 46.5 | 47 | 46 | 2 | 2 | 5 | 2 | 5 | 4 | 4 | 5.2 | 4.8 | 4.7 | 4.2 | 4 | 4.2 | 4.4 |
| 5 | 近似 | JH04 | 2023 | 1 | 53 | 49 | 47 | 46 | 49 | 48 | 47 | 47 | 47 | 48 | 2 | 3 | 5 | 2 | 5 | 4 | 4.1 | 4.5 | 4.4 | 4.8 | 4.6 | 4 | 4.5 | 4.7 |
| 6 | 申请 | JH05 | 2023 | 1 | 26 | 24 | 27 | 29 | 30 | 28 | 29 | 28 | 27 | 27.5 | 2 | 3 | 7 | 2 | 5 | 4 | 4.8 | 4.8 | 4.9 | 5 | 5 | 4.9 | 4.7 |
| 7 | 申请 | JH06 | 2023 | 1 | 46 | 45 | 47 | 44 | 50 | 42 | 41 | 46 | 49 | 48 | 2 | 3 | 7 | 2 | 5 | 3 | 4.6 | 5.2 | 4.5 | 4.8 | 5 | 5 | 4.6 |
| 8 | 申请 | JH07 | 2023 | 1 | 42 | 44 | 39 | 38 | 42 | 40 | 39 | 41 | 4 | 38 | 2 | 2 | 4 | 2 | 5 | 4 | 4.6 | 4.5 | 4.7 | 5.3 | 5 | 5 | 4.2 | 5.1 |
| 9 | 申请 | JH08 | 2023 | 1 | 19 | 19 | 18 | 22 | 20 | 24 | 25 | 21 | 20 | 23 | 2 | 3 | 4 | 2 | 5 | 3 | 4.4 | 4.4 | |
| 10 | 近似 | JH09 | 2023 | 1 | 46 | 45 | 41 | 46 | 51 | 50 | 43 | 40 | 44 | 42 | 2 | 3 | 7 | 2 | 5 | 3 | 4.8 | 4.6 | 4.6 | 4.7 | 5.3 | 5 | 4.4 | 4.6 |
| 11 | 申请 | JH10 | 2023 | 1 | 45 | 48 | 46 | 42 | 43 | 43 | 45 | 44 | 45 | 47 | 2 | 3 | 7 | 2 | 7 | 4 | 4 | 7.3 | 7.5 | 7.4 | 6.6 | 6.9 | 8 | 6.9 | 6.8 |
| 12 | 申请 | JH11 | 2023 | 1 | 47 | 48 | 48 | 49 | 48 | 49 | 46 | 46.5 | 48 | 49 | 2 | 2 | 5 | 2 | 5 | 4 | 7.3 | 6.1 | 6.6 | 6.3 | 7 | 7 | 6.6 | 6.3 |
| 13 | 近似 | JH12 | 2023 | 1 | 37 | 37 | 36 | 38 | 42 | 37 | 41 | 37 | 41 | 37 | 2 | 2 | 5 | 3 | 5 | 4 | 5.1 | 5.6 | 5.1 | 5.3 | 5.1 | 5 | 5.7 | 5.3 |
| 14 | 近似 | JH13 | 2023 | 1 | 45 | 48 | 46 | 46 | 45 | 44 | 49 | 43 | 44 | 42 | 2 | 2 | 7 | 3 | 5 | 4 | 5.5 | 5.8 | 5.5 | 5.1 | 5.5 | 5 | 5.6 | 5.1 |
| 15 | 申请 | JH14 | 2023 | 1 | 48 | 46 | 53 | 46 | 47 | 48 | 46 | 45 | 46 | 47 | 2 | 2 | 5 | 4 | 5 | 4 | 4.7 | 5.1 | 4.9 | 4.5 | 4.9 | 5 | 4.6 | 5 |
| 16 | 近似 | JH15 | 2023 | 1 | 75 | 72 | 80 | 76 | 82 | 78 | 76 | 72 | 76 | 73 | 2 | 2 | 7 | 3 | 7 | 4 | 7.6 | 8.3 | 8.2 | 8.7 | 8.5 | 9 | 8.7 | 8.6 |
| 17 | 申请 | JH16 | 2023 | 1 | 44 | 39 | 43 | 41 | 42 | 46 | 44 | 43 | 39 | 37.5 | 2 | 2 | 5 | 2 | 6 | 3 | 6.1 | 4.9 | 6.8 | 6.7 | 6.4 | 5 | 5.8 |
| 18 | 申请 | JH17 | 2023 | 1 | 54 | 59 | 53 | 53 | 56 | 57 | 59 | 58 | 61 | 59 | 2 | 2 | 7 | 2 | 7 | 4 | 6 | 6.2 | 6.4 | 6 | 6 | 6.4 | 6.3 |
| 19 | 申请 | JH18 | 2023 | 1 | 53 | 53.5 | 55 | 53 | 51 | 57 | 58 | 50 | 44 | 55 | 2 | 2 | 7 | 2 | 7 | 4 | 6.1 | 6.2 | 6.6 | 6.7 | 6 | 7 | 6.3 | 6.1 |
| 20 | 近似 | JH19 | 2023 | 1 | 44 | 47 | 46 | 52 | 47 | 45 | 51 | 44 | 50 | 44 | 2 | 2 | 5 | 2 | 5 | 3 | 5 | 5.2 | 5.3 | 5.9 | 6 | 5.6 | 5.4 |
| 21 | 申请 | JH20 | 2023 | 1 | 37 | 40.5 | 43 | 40 | 42 | 48 | 48 | 48 | 48 | 35 | 2 | 2 | 4 | 3 | 5 | 4 | 4.7 | 4.5 | 4.7 | 4.7 | 4.7 | 5 | 4.7 | 4.8 |
| 22 | 近似 | JH21 | 2023 | 1 | 38 | 37 | 38 | 36 | 35 | 33 | 36 | 35 | 31 | 34 | 2 | 2 | 5 | 5 | 4 | 3 | 6.5 | 5.7 | 5.5 | 6 | 5.7 | 5.5 | 5.7 |

指南　数据　分析　品种　结果　报告　图像　任务　＋

选定目标区域，然后按 ENTER 或选择"粘贴"

图8-4　异常值识别结果（StDev法）

键盘同列错行（15，正确为45），两个数打一起（320335，正确为320，335）等。

如果不存在输入错误，分析是否是记载错误造成，如样品还在，可以进行复测，如样品已销毁，可以根据田间调查人员回忆或者综合历史记录判定是否可能是真实值。如果不是真实值，删除并补充数据，如果是真实值，确认是否是异型株导致，如果品种存在一致性问题，保留数据并做一致性分析，如果属于极不典型植株，删除数值并根据条件补充或修正。

数据的补充可以补测样品，或者采用统计方法恢复，虽然有些专业方法可以修正数据，如极大似然法估计，但实践中最有效的补正是取前后值的平均。在数据表打开时点击菜单命令Mean，可以自动取前后值平均，如果第一列值需要修正，取其后两个值平均，如果最后一列值需要修正，取其前两个值平均。数据一旦做了修改，必须在原始记录中进行圈注并记录下修改后的数据。

数据异常值多也可能是地力不均、栽培管理不一致、边际植株被测量等原因造成，必要时需要进一步优化试验设计和取样方式。

## （三）设置指南性状参数

在数量性状未分级情况下，通过DatatoMS可以在分析表中得到数量性状的原始数据，详见图8-5。

在分析表中继续点击QnFrDis命令就可以得出数量性状的频率分布，详见图8-6。

按照指南中每个性状的分级数划分每一级范围，再根据中间值挑选适合的标准品种，详见图8-7。

## （四）生成代码

在数据打开时点击菜单命令COYS生成代码的格式，先列出每个品种各性状的平均值，再列出代码，对于数量性状而言，这个代码已经通过标准值进行了矫正，详见图8-8。

| 类型 | 品种 | 12023 | 12023 | | 12023 | 12023 | 12023 | 12023 | 12023 | 12023 | 12023 | 12023 | 92023 | 92023 | 92023 | 92023 | 92023 | 92023 | 92023 | 92023 | 92023 | 92023 | 102023 | 102023 | 102023 | 102023 | 102023 | 102023 | 1020 |
|---|---|---|---|---|---|---|---|---|---|---|---|---|---|---|---|---|---|---|---|---|---|---|---|---|---|---|---|---|---|
| 申请 | JH01 | 260 | 25.5 | | 28 | 26.5 | 28 | 27 | 28.5 | 28 | 29 | 27 | 4.5 | 4.9 | 4.9 | 5 | 4.9 | 5 | 4.8 | 4.9 | 4.7 | 5.1 | 2.3 | 2.7 | 2.5 | 2.5 | 2.6 | 3 |
| 近似 | JH02 | 35 | 39 | | 35 | 34 | 38 | 37 | 38 | 39 | 36 | 39 | 4.4 | 5.2 | 5.2 | 5.7 | 5.2 | 5 | 5.4 | 6.1 | 5.6 | 5.1 | 2.6 | 2.5 | 2.5 | 2.8 | 2.7 | 2.6 |
| 申请 | JH03 | 45 | 43 | | 42.5 | 44 | 43 | 44 | 46 | 46.5 | 47 | 46 | 5.2 | 4.8 | 4.7 | 4.2 | 4.7 | 5 | 4.2 | 4.4 | 4.1 | 4.8 | 2.7 | 2.8 | 2.7 | 2.6 | 2.6 | 2.9 |
| 近似 | JH04 | 53 | 49 | | 47 | 46 | 49 | 48 | 47 | 49 | 47 | 48 | 4.1 | 4.5 | 4.4 | 4.8 | 4.6 | 4 | 4.5 | 4.7 | 4.3 | 4.1 | 2.5 | 2.9 | 2.8 | 2.9 | 2.7 | 2.6 |
| 申请 | JH05 | 26 | 24 | | 27 | 29 | 30 | 28 | 29 | 28 | 27 | 27.5 | 4.8 | 4.8 | 4.9 | 5 | 5 | 5 | 4.9 | 4.7 | 4.2 | 4.6 | 3.1 | 2.6 | 2.6 | 3.3 | 3.3 | 3.2 |
| 申请 | JH06 | 46 | 45 | | 47 | 44 | 50 | 42 | 41 | 48 | 49 | 48 | 4.6 | 5.2 | 4.5 | 4.8 | 5 | 5 | 5 | 4.6 | 4.9 | 5 | 2.5 | 2.8 | 2.7 | 2.8 | 3.2 | 3.4 |
| 申请 | JH07 | 42 | 44 | | 39 | 38 | 42 | 40 | 39 | 42 | 4 | 38 | 4.6 | 4.5 | 4.7 | 4.7 | 5.3 | 5 | 5 | 5.1 | 4.6 | 4.7 | 2.7 | 2.7 | 2.7 | 2.5 | 2.7 | 3 |
| 申请 | JH08 | 19 | 19 | | 18 | 22 | 20 | 24 | 25 | 21 | 20 | 23 | 4.8 | 4.6 | 4.7 | 5.1 | 5 | 5 | 4.2 | 4.4 | 3.6 | 4.5 | 3.8 | 4 | 3.3 | 3.7 | 3.7 | 3.5 |
| 近似 | JH09 | 46 | 45 | | 41 | 46 | 51 | 50 | 43 | 40 | 44 | 42 | 4.5 | 4.6 | 4.6 | 4.7 | 5.3 | 5 | 4.4 | 4.4 | 4.2 | 5.1 | 3.5 | 3.4 | 3.6 | 3.3 | 3.8 | 3.7 |
| 申请 | JH10 | 45 | 48 | | 46 | 42 | 43 | 43 | 45 | 44 | 45 | 47 | 7.3 | 7.5 | 7.4 | 6.6 | 6.9 | 8 | 6.9 | 6.8 | 7 | 6.3 | 5.5 | 5.2 | 5.3 | 4.4 | 4.5 | 5.1 |
| 申请 | JH11 | 47 | 48 | | 48 | 49 | 48 | 49 | 46 | 46.5 | 48 | 49 | 7.3 | 6.1 | 6.6 | 6.3 | 7 | 7 | 6.6 | 6.3 | 5.5 | 5.8 | 3.8 | 3.3 | 3.5 | 3.3 | 4 | 4.2 |
| 申请 | JH12 | 37 | 37 | | 36 | 38 | 40 | 37 | 39 | 37 | 41 | 37 | 5.1 | 5.6 | 5.1 | 5.3 | 5.1 | 5 | 5.7 | 5.3 | 5.5 | 5.4 | 3.8 | 3.3 | 3.3 | 4.2 | 4 | 4.2 |
| 申请 | JH13 | 50 | 48 | | 46 | 46 | 47 | 44 | 49 | 43 | 44 | 44 | 5.5 | 5.8 | 5.5 | 5.9 | 5.5 | 5 | 5.6 | 5.3 | 5 | 5.3 | 3.2 | 3.7 | 3.3 | 3.8 | 3.1 | 3.2 |
| 申请 | JH14 | 48 | 46 | | 53 | 46 | 47 | 48 | 46 | 45 | 46 | 47 | 4.7 | 5.1 | 4.9 | 4.5 | 4.9 | 5 | 4.6 | 5 | 4.8 | 5.2 | 2.7 | 3 | 2.8 | 2.8 | 3.1 | 3.2 |
| 近似 | JH15 | 75 | 72 | | 80 | 76 | 82 | 78 | 76 | 72 | 76 | 73 | 7.6 | 8.3 | 8.2 | 8.7 | 8.5 | 9 | 8.7 | 8.6 | 9.4 | 7.8 | 3 | 4 | 3.7 | 4.7 | 4.2 | 3.5 |
| 申请 | JH16 | 49 | 48 | | 48 | 48 | 45 | 52 | 52 | 53 | 48 | 49 | 6.1 | 6.2 | 6.8 | 6.7 | 6.3 | 6 | 6.9 | 6.3 | 2.7 | 3.5 | 3.4 | 3.4 | 3.1 | 3.1 | 2.8 |
| 近似 | JH17 | 44 | 39 | | 43 | 41 | 42 | 46 | 44 | 43 | 39 | 37.5 | 5.1 | 4.9 | 5.1 | 4.6 | 5.2 | 5 | 4.9 | 4.8 | 5 | 4.5 | 3 | 3.4 | 3 | 3.1 | 3.2 | 2.6 |
| 近似 | JH18 | 54 | 59 | | 53 | 53 | 56 | 57 | 59 | 58 | 61 | 59 | 6 | 6.2 | 6.4 | 6 | 6 | 6 | 6.4 | 6.3 | 5.1 | 6 | 3.8 | 3.8 | 4.2 | 4.2 | 3.8 | 3.2 |
| 申请 | JH19 | 53 | 53.5 | | 53 | 53 | 51 | 57 | 58 | 50 | 49 | 55 | 6.1 | 6.2 | 6.6 | 6.7 | 7 | 7 | 6.3 | 6.1 | 6.7 | 6.2 | 3.8 | 3.8 | 4.2 | 4.2 | 3.8 | 3 |
| 申请 | JH20 | 44 | 47 | | 46 | 52 | 47 | 45 | 51 | 45 | 50 | 44 | 5 | 5.2 | 5.3 | 5.9 | 5.8 | 6 | 4.7 | 4.8 | 4.6 | 5 | 2.5 | 2.3 | 2.6 | 2.3 | 2.7 | 2.7 |
| 申请 | JH21 | 37 | 40.5 | | 43 | 40 | 42 | 38 | 43 | 48 | 48 | 35 | 4.7 | 4.5 | 4.7 | 4.7 | 4.7 | 5 | 4.7 | 4.7 | 4.5 | 4.2 | 4 | 4.2 | 4.2 | 4.2 | 4.2 | 4.2 |
| 申请 | JH22 | 38 | 37 | | 38 | 36 | 35 | 33 | 36 | 35 | 31 | 34 | 6.5 | 5.7 | 6.1 | 6 | 5.7 | 6 | 5.5 | 5.7 | 5.4 | 5.7 | 4.5 | 4.2 | 4.2 | 4.2 | 4.2 | 4.2 |
| 申请 | JH23 | 131 | 125 | | 124 | 126 | 131 | 130 | 131 | 129 | 130 | 126 | 9.2 | 9.4 | 9 | 10.2 | 8.7 | 9 | 8.8 | 9.1 | 9.1 | 8.3 | 6.1 | 6.7 | 6.1 | 6.5 | 6.1 | 6 |
| 近似 | JH24 | 116 | 115 | | 117 | 115 | 115 | 119 | 116 | 117 | 119 | 118 | 8 | 7.9 | 7.3 | 7.6 | 7.3 | 9 | 7.5 | 7.8 | 7.9 | 8.2 | 7 | 5.4 | 6 | 7 | 6.6 | 7.1 |
| 近似 | JH25 | 51 | 48 | | 45 | 46 | 47 | 48 | 47 | 46 | 51 | 5.1 | 5 | 4.8 | 5.1 | 4.8 | 5 | 4.7 | 5.1 | 4.9 | 3.8 | 3.5 | 3.6 | 3.6 | 3.5 | 3.2 |
| 申请 | JH26 | 38 | 39 | | 43 | 38 | 37 | 36 | 38.5 | 38.5 | 38 | 39 | 5.5 | 4.8 | 4.5 | 4.7 | 5 | 5 | 5.7 | 5.5 | 5.2 | 5 | 4.3 | 3.5 | 3.3 | 3.3 | 3.3 | 3.4 |
| 申请 | JH27 | 58 | 56.5 | | 56 | 60 | 62 | 60 | 61 | 64 | 64 | 62 | 8.3 | 8 | 7.8 | 8.4 | 7.5 | 7 | 8.3 | 7 | 7.9 | 7.3 | 5.8 | 5.7 | 5.6 | 6 | 5 | 4.8 |
| 近似 | JH28 | 48 | 51.5 | | 51 | 54 | 56 | 53.5 | 52 | 50 | 49 | 50 | 4.2 | 4.2 | 3.9 | 4.2 | 4.3 | 4 | 4.3 | 4.3 | 4.1 | 3.9 | 2.8 | 2.8 | 2.5 | 2.7 | 2.4 | 2.7 |
| 近似 | JH29 | 62 | 60 | | 61 | 64 | 59 | 58 | 62 | 60 | 61 | 63 | 6 | 6.3 | 5.3 | 6 | 5.6 | 5 | 6.5 | 6.3 | 5.8 | 4 | 4.5 | 3.8 | 4.3 | 3.8 | 3.2 |
| 近似 | JH30 | 53 | 49 | | 54 | 52 | 49 | 48 | 48 | 46 | 49 | 51 | 4.2 | 6.3 | 4.1 | 4.1 | 3.7 | 4 | 3.9 | 3.7 | 3.2 | 3.6 | 2.2 | 2.3 | 3.8 | 4.3 | 2.1 | 2.2 |
| 近似 | JH31 | 67 | 68 | | 69 | 70 | 73 | 68.5 | 70 | 72 | 70 | 74 | 8.1 | 7.3 | 7.7 | 7.7 | 7.1 | 7 | 7.3 | 7.6 | 7 | 7.6 | 5.6 | 5 | 5.4 | 4.8 | 5.2 | 4.5 |
| 申请 | JH32 | 37 | 39 | | 36 | 35 | 38 | 38 | 40 | 40 | 4 | 40 | 5.3 | 5.8 | 4.7 | 5.2 | 6.1 | 6 | 5.4 | 5.1 | 5.1 | 5.3 | 2.4 | 2.6 | 2.5 | 3.1 | 3 | 2.5 |

图8-5　数量性状原始数据转换表

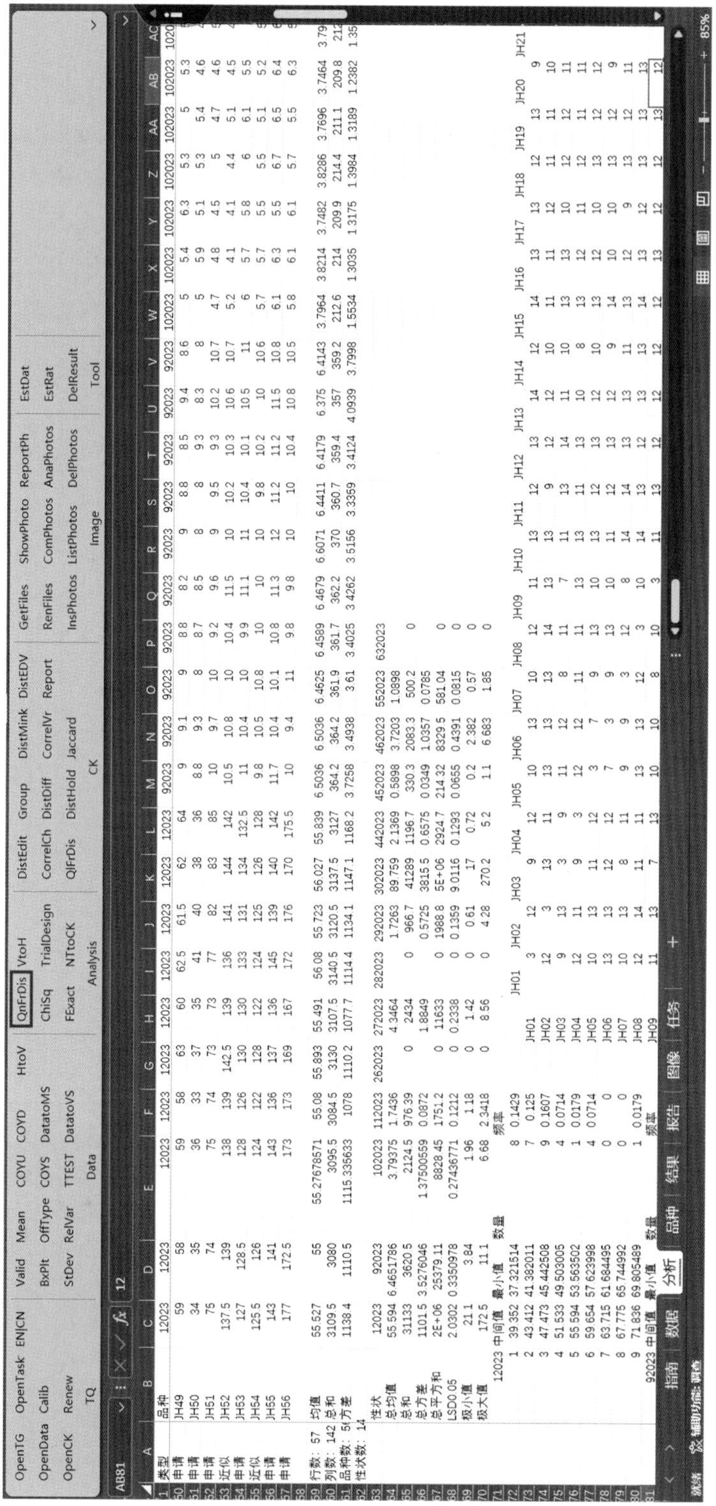

| | OpenTG | OpenTask | EN\|CN | Valid | Mean | COYU | COYD | HtoV | QnFrDis | VtoH | | DistEdit | Group | DistMink | DistEDV | GetFiles | ShowPhoto | ReportPh | EstDat |
| OpenData | Calib | | BxPlt | OffType | COYS | DatatoMS | | ChiSq | TrialDesign | | CorrelCh | DistDiff | CorrelVr | Report | RenFiles | ComPhotos | AnaPhotos | EstRat |
| OpenCK | Renew | | StDev | RelVar | TTEST | DatatoVS | | FExact | NTtoCK | | QlFrDis | DistHold | Jaccard | | InsPhotos | ListPhotos | DelPhotos | DelResult |
| | TQ | | | Data | | | | Analysis | | | CK | | | Image | | Tool | |

AB81   ✕ ✓ ƒx   12

| | A | B | C | D | E | F | G | H | I | J | K | L | M | N | O | P | Q | R | S | T | U | V | W | X | Y | Z | AA | AB | AC |
|---|---|---|---|---|---|---|---|---|---|---|---|---|---|---|---|---|---|---|---|---|---|---|---|---|---|---|---|---|---|
| 1 | 类型 | 品种 | 12023 | 12023 | 12023 | 12023 | 12023 | 12023 | 12023 | 12023 | 12023 | 12023 | 92023 | 92023 | 92023 | 92023 | 92023 | 92023 | 92023 | 92023 | 92023 | 92023 | 102023 | 102023 | 102023 | 102023 | 102023 | 102023 | 1020 |
| 50 | 申请 | JH49 | 59 | 58 | | 59 | 58 | 63 | 60 | 62.5 | 61.5 | 62 | 64 | 9 | 9.1 | 9 | 8.8 | 8.2 | 9 | 8.8 | 8.6 | 5 | 5.4 | 6.3 | 5.3 | 5 | 5.3 | | |
| 51 | 申请 | JH50 | 34 | 35 | | 36 | 33 | 37 | 35 | 41 | 40 | 38 | 36 | 8.8 | 9.3 | 8 | 8.7 | 8.5 | 8 | 8 | 9.3 | 8.3 | 8 | 5 | 5.9 | 5.1 | 5.3 | 5.4 | | |
| 52 | 申请 | JH51 | 75 | 74 | | 75 | 74 | 73 | 77 | 82 | 83 | 85 | 10 | 9.7 | 10 | 9.2 | 9.6 | 9 | 9.5 | 9.3 | 10.2 | 10.7 | 4.7 | 4.8 | 4.5 | 5 | 4.7 | 4.6 | | |
| 53 | 近似 | JH52 | 137.5 | 139 | | 138 | 139 | 142.5 | 139 | 136 | 141 | 144 | 142 | 10.5 | 10.8 | 10 | 10.4 | 11.5 | 10 | 10.2 | 10.3 | 10.6 | 10.7 | 5.2 | 4.1 | 4.1 | 4.4 | 5.1 | 4.5 | |
| 54 | 申请 | JH53 | 127 | 128.5 | | 128 | 126 | 130 | 130 | 133 | 131 | 134 | 132.5 | 11 | 10.4 | 10 | 9.9 | 11.1 | 11 | 10.4 | 10.1 | 10.5 | 11 | 6 | 5.7 | 5.8 | 6 | 6.1 | 5.5 | |
| 55 | 近似 | JH54 | 125.5 | 126 | | 124 | 122 | 128 | 122 | 124 | 125 | 126 | 128 | 9.8 | 10.5 | 10.8 | 10 | 11 | 10 | 9.8 | 10.2 | 10 | 5.5 | 5.7 | 5.7 | 5.5 | 6.1 | 5.5 | |
| 56 | 申请 | JH55 | 143 | 141 | | 143 | 136 | 137 | 136 | 145 | 139 | 140 | 142 | 11.7 | 10.4 | 10.1 | 10.8 | 11.3 | 12 | 11.2 | 11.2 | 11.5 | 10.8 | 6.1 | 6.3 | 5.5 | 5.1 | 5.2 | |
| 57 | 申请 | JH56 | 177 | 172.5 | | 173 | 173 | 169 | 167 | 172 | 176 | 170 | 175.5 | 10 | 10.9 | 11 | 9.9 | 9.8 | 10 | 10 | 11.5 | 5 | 6.3 | 5.5 | 6.7 | 6.5 | 6.4 | | |
| 59 | 行数: 57 | 均值 | 55.527 | 55 | 55.27678571 | 55.08 | 55.893 | 55.491 | 56.08 | 55.723 | 56.027 | 55.839 | 6.5036 | 6.5036 | 6.4625 | 6.4589 | 6.4679 | 6.6071 | 6.4411 | 6.4179 | 6.375 | 6.4143 | 3.7964 | 3.8214 | 3.7482 | 3.8286 | 3.7696 | 3.7464 | 3.79 |
| 60 | 列数: 142 | 总和 | 3109.5 | 3080 | | 3095.5 | 3084.5 | 3130 | 3107.5 | 3140.5 | 3120.5 | 3137.5 | 3127 | 364.2 | 364.2 | 361.9 | 361.7 | 362.2 | 370 | 360.7 | 359.4 | 357 | 359.2 | 212.6 | 214 | 209.9 | 214.4 | 211.1 | 209.8 | 212 |
| 61 | 品种数: 5 | 方差 | 1138.4 | 1110.5 | 1115.335633 | 1078 | 1110.2 | 1077.7 | 1114.4 | 1134.1 | 1147.1 | 1168.2 | 3.7258 | 3.4938 | 3.61 | 3.4025 | 3.4262 | 3.5156 | 3.3359 | 3.4124 | 4.0939 | 3.7998 | 1.5534 | 1.3035 | 1.3175 | 1.3984 | 1.3189 | 1.2382 | 1.35 |
| 62 | 性状数: 14 | | | | | | | | | | | | | | | | | | | | | | | | | | | | |
| 63 | | 性状 | 12023 | 92023 | | 102023 | 112023 | 262023 | 272023 | 282023 | 292023 | 302023 | 442023 | 452023 | 462023 | 552023 | 632023 | | | | | | | | | | | | |
| 64 | | 总均值 | 55.594 | 6.4651786 | | 3.79375 | 1.7436 | | 4.3464 | | 1.7263 | 89.759 | 2.1369 | 0.5898 | 3.7203 | 1.0898 | | | | | | | | | | | | | |
| 65 | | 总和 | 31133 | 3620.5 | | 2124.5 | 976.39 | 0 | 2434 | 0 | 966.7 | 41289 | 1196.7 | 330.3 | 2083.3 | 500.2 | 0 | | | | | | | | | | | | |
| 66 | | 总方差 | 1101.5 | 3.5276046 | | 1.37500559 | 0.0872 | | 1.8849 | | 0.5725 | 3815.5 | 0.6575 | 0.0349 | 1.0357 | 0.0785 | | | | | | | | | | | | | |
| 67 | | 总平方和 | 2E+06 | 25379.11 | | 8828.45 | 1751.2 | 0 | 11633 | 0 | 1988.8 | 5E+06 | 2924.7 | 214.32 | 8329.5 | 581.04 | 0 | | | | | | | | | | | | |
| 68 | | LSD0.05 | 2.0302 | 0.3350978 | | 0.27436771 | 0.1212 | | 0.2338 | | 0.1359 | 9.0116 | 0.1293 | 0.0655 | 0.4391 | 0.0815 | 0 | | | | | | | | | | | | |
| 69 | | 极小值 | 21.1 | 3.84 | | 1.96 | 1.18 | 0 | 1.42 | 0 | 0.61 | 17 | 0.72 | 0.2 | 2.382 | 0.57 | 0 | | | | | | | | | | | | |
| 70 | | 极大值 | 172.5 | 11.1 | | 6.68 | 2.3418 | 0 | 8.56 | 0 | 4.28 | 270.2 | 5.2 | 1.1 | 6.683 | 1.85 | 0 | | | | | | | | | | | | |
| 71 | | 12023 | 中间值 | 最小值 | 数量 | | 频率 | | | | | | | | | | | | | | | | | | | | | | |
| 72 | | | 1 | 39.352 | 37.321514 | | 8 | 0.1429 | | JH01 | JH02 | JH03 | JH04 | JH05 | JH06 | JH07 | JH08 | JH09 | JH10 | JH11 | JH12 | JH13 | JH14 | JH15 | JH16 | JH17 | JH18 | JH19 | JH20 | JH21 |
| 73 | | | 2 | 43.412 | 41.382011 | | 7 | 0.125 | JH01 | | 3 | 12 | 9 | 12 | 10 | 13 | 10 | 12 | 11 | 13 | 11 | 13 | 14 | 14 | 13 | 11 | 12 | 13 | 9 |
| 74 | | | 3 | 47.473 | 45.442508 | | 9 | 0.1607 | JH02 | | 12 | 3 | 13 | 13 | 12 | 14 | 13 | 9 | 12 | 11 | 14 | 10 | 13 | 14 | 11 | 12 | 11 | 10 |
| 75 | | | 4 | 51.533 | 49.503005 | | 4 | 0.0714 | JH03 | | 9 | 13 | 3 | 9 | 11 | 12 | 5 | 11 | 7 | 11 | 14 | 11 | 10 | 13 | 12 | 13 | 11 | 10 |
| 76 | | | 5 | 55.594 | 53.563502 | | 1 | 0.0179 | JH04 | | 12 | 13 | 12 | 3 | 12 | 13 | 10 | 8 | 13 | 12 | 11 | 12 | 11 | 12 | 13 | 12 | 11 | 12 |
| 77 | | | 6 | 59.654 | 57.623998 | | 4 | 0.0714 | JH05 | | 10 | 13 | 11 | 12 | 3 | 7 | 12 | 11 | 13 | 13 | 12 | 11 | 13 | 13 | 11 | 12 | 12 | 12 |
| 78 | | | 7 | 63.715 | 61.684495 | | 0 | | JH06 | | 13 | 12 | 12 | 13 | 7 | 3 | 13 | 12 | 13 | 10 | 12 | 13 | 12 | 13 | 11 | 13 | 12 | 9 |
| 79 | | | 8 | 67.775 | 65.744992 | | 0 | | JH07 | | 10 | 14 | 5 | 10 | 12 | 13 | 3 | 10 | 14 | 13 | 14 | 11 | 13 | 11 | 9 | 13 | 13 | 13 |
| 80 | | | 9 | 71.836 | 69.805489 | | 1 | 0.0179 | JH08 | | 11 | 13 | 11 | 8 | 11 | 12 | 10 | 3 | 10 | 12 | 14 | 12 | 12 | 11 | 14 | 11 | 13 | 12 |
| 81 | | | 92023 | 中间值 | 最小值 | 数量 | | 频率 | JH09 | | 11 | 11 | 11 | 11 | 13 | 13 | 14 | 11 | 3 | 10 | 13 | 13 | 11 | 13 | 12 | 11 | 13 | 12 |

指南　数据　分析　品种　结果　报告　图像　任务　＋

就绪　辅助功能: 调查　⊞ ⊙ ⊡ ─ ─ ── ＋ 85%

图8-6　数量性状的频率分布

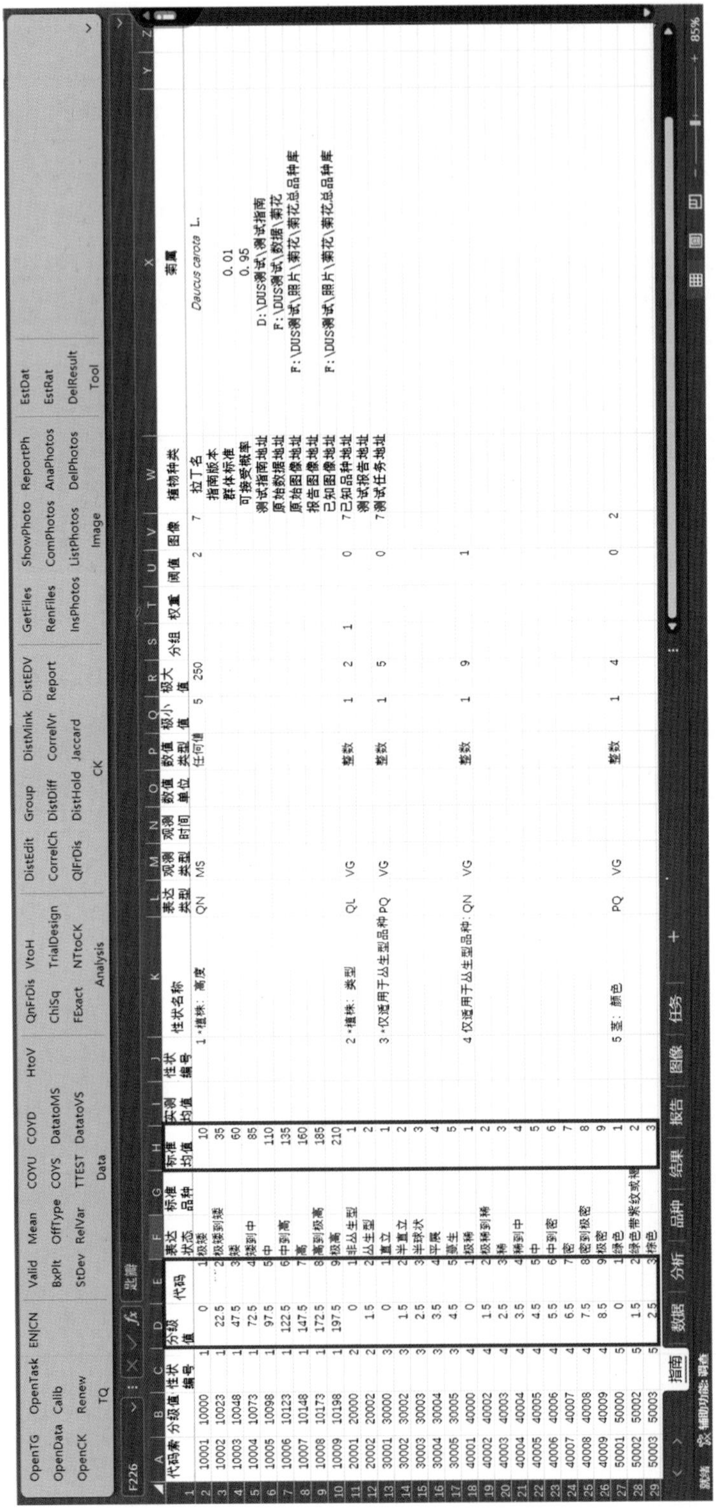

图8-7　数量性状的分级值

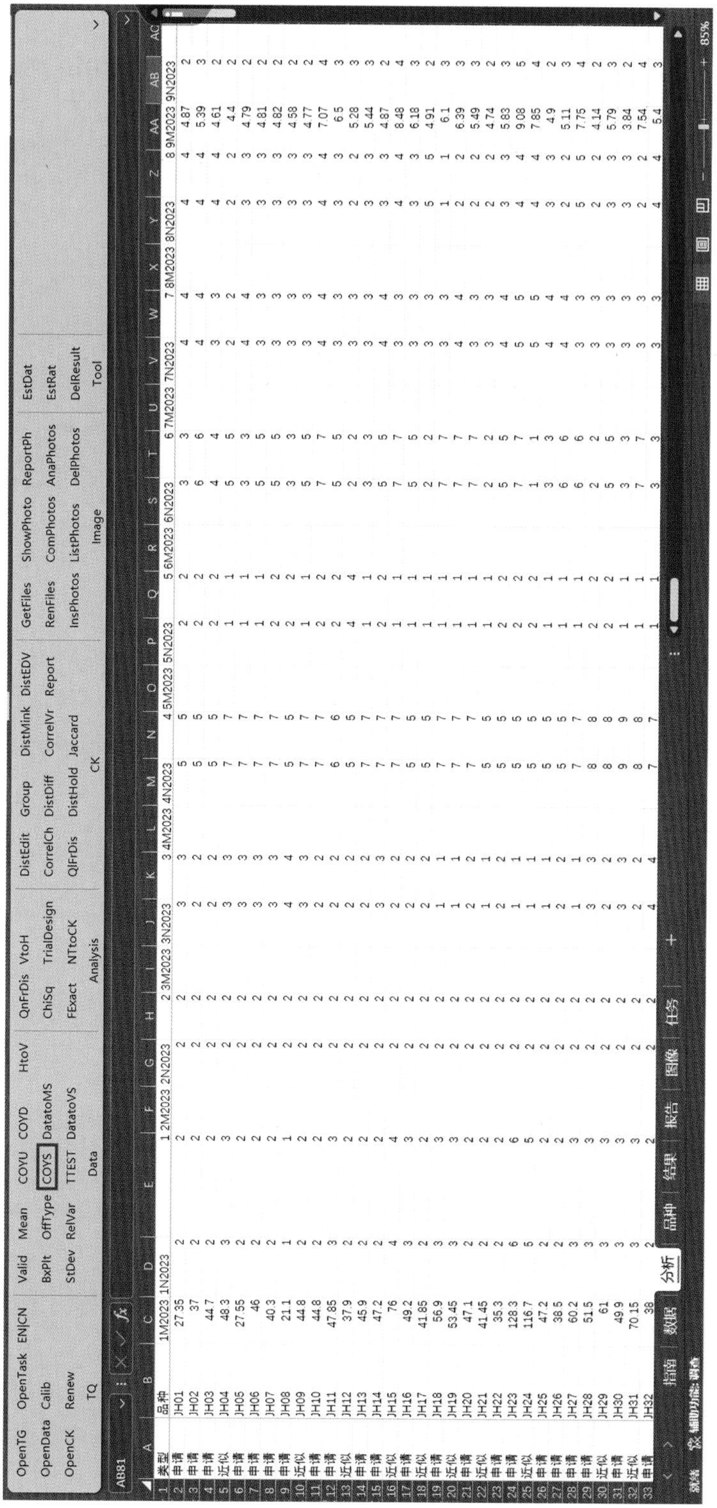

图8-8 COYS跨年分析结果

确认综合代码无误后，点击NTtoCK，则代码会覆盖品种表中的描述。这个过程并不检查新代码与已知品种库中旧代码是否不一致，直接进行覆盖。新增的品种或者性状会在品种库行列的最后进行添加，详见图8-9。

### （五）近似品种筛选

近似品种筛选是特异性测试的关键第一步，在品种表中点击Group，可以先利用指南表中的分组性状设置将品种进行排序，选用表达状态区分明显的质量或者假质量性状作为分组性状，在指南表分组字段下用序号设置分组性状的排序优先顺序。菊花选取植株类型和头状花序类型作为分组性状，便于区分，详见图8-10。

按分组顺序排好后，选用CorrelVr相关系数法，计算品种间相关系数，相关系数大于95%红色显示，小于95%大于90%黄色显示，详见图8-11。

针对每一个横排申请品种，向下查找与之相似度最大或距离最小的品种作为最相近似品种，选中单元格后点击Report，程序会自动调取该单元格对应的上侧品种和左侧品种的历年数据平均值并列展。RHS比色卡性状的对比根据代码相差情况进行初步筛选，详见图8-12。

将上一步筛选出来的品种在品种表中点击Comphotos查看照片，对比植株、叶片、花色等区别，最终筛选出最相近的品种，详见图8-13。

## 二、测试报告

整理编辑原始照片，选取清晰和规范的原始照片，裁剪成五寸，并将测试编号做成标签，以白底黑字的形式添加在照片上，标签位置为右下角，详见图8-14。

将观测数据和测量数据分别导入测试报告系统中下载的模板，将导入好的模板上传至系统，详见图8-15、图8-16。

在数据管理界面调整代码版本，将数量性状的分级范围导入系统，详见图8-17。

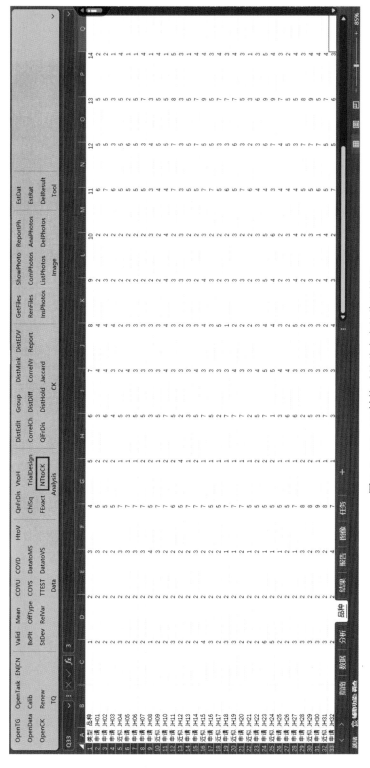

图8-9　NTtoCK 转换后品种表中的代码描述

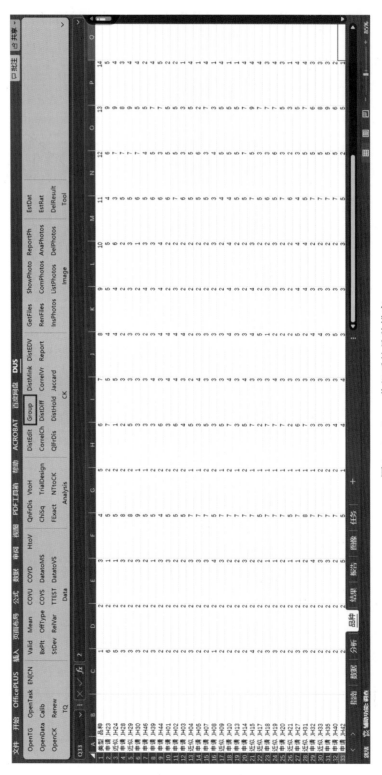

图 8-10　Group 分组后的品种排序

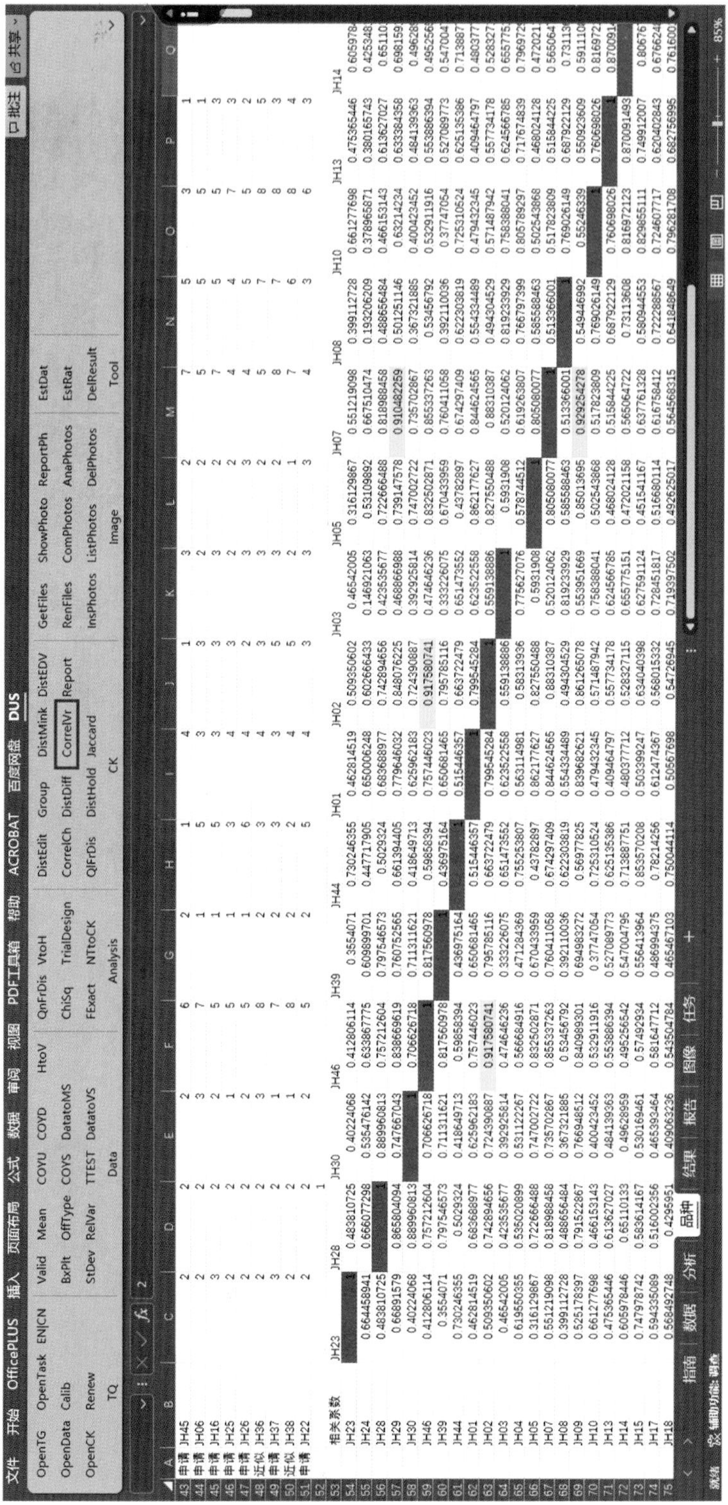

图 8-11 CorrelVr 相关系数法分析后的品种间相关系数

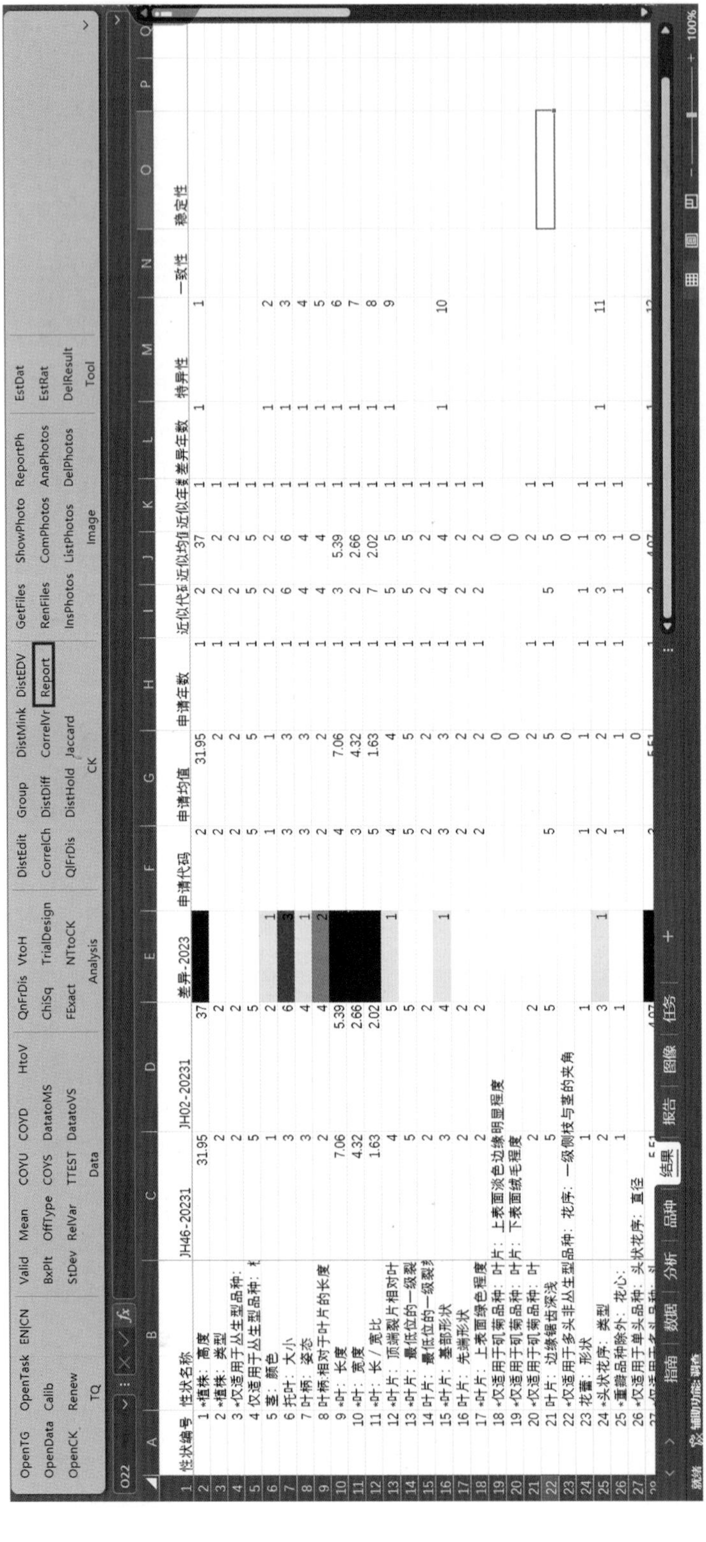

图 8-12　Report 调取的历年数据平均值

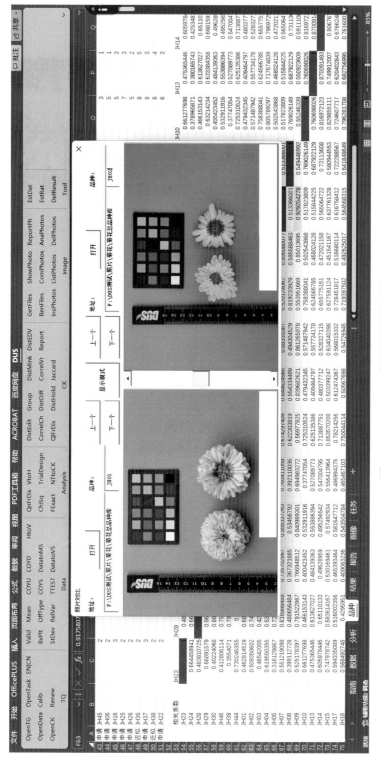

图8-13　Comphotos分析后的照片显示

图 8-14　原始照片编辑

　　调整好代码版本并且将数据导入后，在**系统**中生成代码，查看是否有误。如若无误则提交到报告管理**系统**中。详见图 8-18。

　　提交到报告管理系统后，核对品种名称、性状名称、性状表达状态、代码、数值、单位符号等信息，在图片描述界面添加该品种所需图片，详见图 8-19。

　　核对无误后对该测试品种特异性、一致性、稳定性进行结果判定，详见图 8-20。确定无误后提交到审核员，并生成测试报告，详见图 8-21。

### 三、不合格品种处理程序

　　田间测试过程中发现小区内有异型株，用红漆或挂吊牌的方式对品种进行标记，并统计异型株数量，是否达到一致性不合格的数量要求，详见图 8-22。

　　在确认品种的异型株数量超出菊花品种一致性判定要求的最大异形株数量时，拍摄典型株与异型株对比照片并记录数据，详见图 8-23。

　　将一致性不合格情况汇报分中心业务室，由分中心成立一致性调查小组，根据测试员提交的一致性不合格品种清单进行现场确认。确认无误后编辑一致性不合格情况表，上报分中心业务室后，由业务室与审查员或委托人沟通，详见图 8-24。业务室沟通确认后通知测试员在系统中出具不合格报告，详见图 8-25。

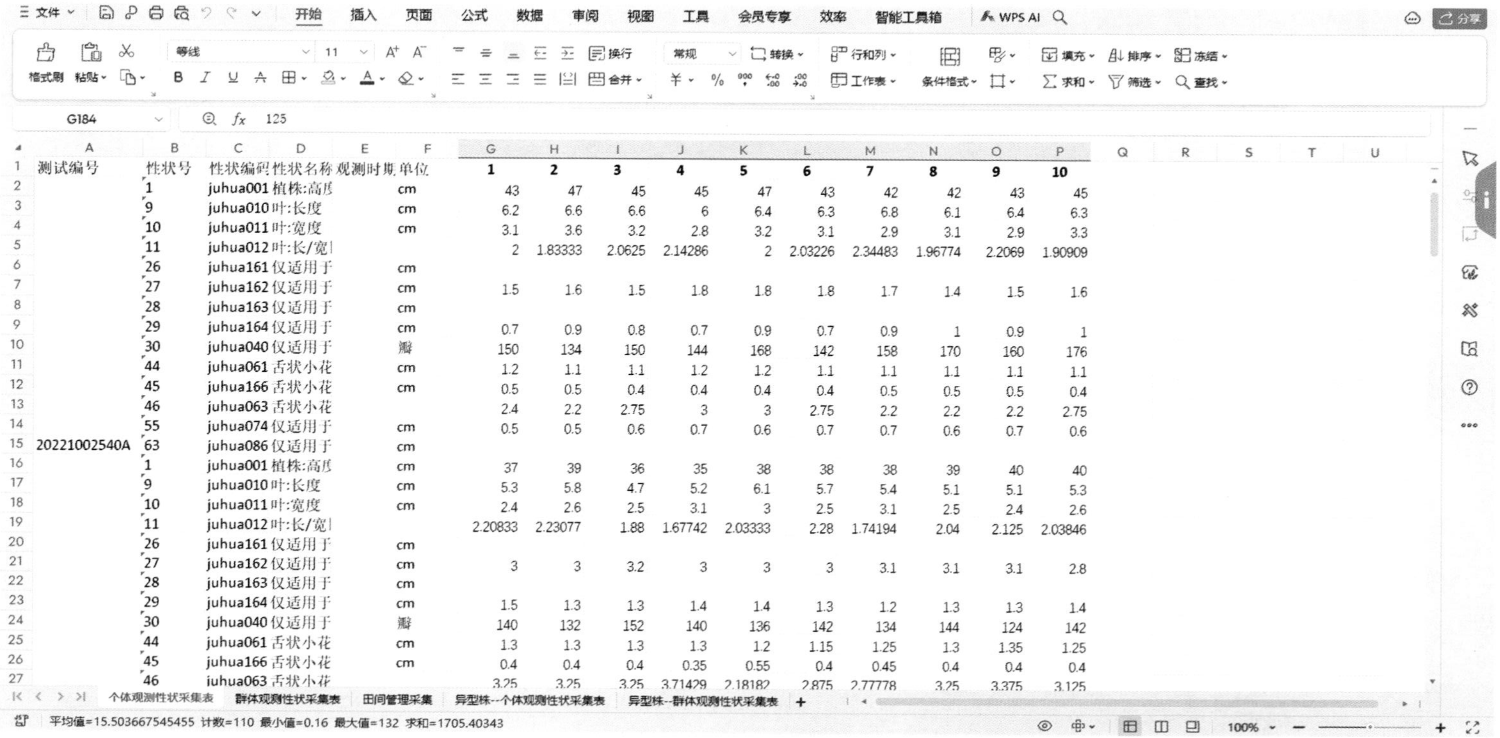

| 测试编号 | 性状编号 | 性状名称 | 单位 | 1 | 2 | 3 | 4 | 5 | 6 | 7 | 8 | 9 | 10 |
|---|---|---|---|---|---|---|---|---|---|---|---|---|---|
| | 1 | juhua001 植株:高度 | cm | 43 | 47 | 45 | 45 | 47 | 43 | 42 | 42 | 43 | 45 |
| | 9 | juhua010 叶:长度 | cm | 6.2 | 6.6 | 6.6 | 6 | 6.4 | 6.3 | 6.8 | 6.1 | 6.4 | 6.3 |
| | 10 | juhua011 叶:宽度 | cm | 3.1 | 3.6 | 3.2 | 2.8 | 3.2 | 3.1 | 2.9 | 3.1 | 2.9 | 3.3 |
| | 11 | juhua012 叶:长/宽 | cm | 2 | 1.83333 | 2.0625 | 2.14286 | 2 | 2.03226 | 2.34483 | 1.96774 | 2.2069 | 1.90909 |
| | 26 | juhua161 仪器适用于 | cm | | | | | | | | | | |
| | 27 | juhua162 仪器适用于 | cm | 1.5 | 1.6 | 1.5 | 1.8 | 1.8 | 1.8 | 1.4 | 1.4 | 1.5 | 1.6 |
| | 28 | juhua163 仪器适用于 | cm | | | | | | | | | | |
| | 29 | juhua164 仪器适用于 | cm | 0.7 | 0.9 | 0.8 | 0.7 | 0.9 | 0.7 | 0.9 | 1 | 0.9 | 1 |
| | 30 | juhua040 仪器适用于 | 瓣 | 150 | 134 | 150 | 144 | 168 | 142 | 158 | 170 | 160 | 176 |
| | 44 | juhua061 片状小花 | cm | 1.2 | 1.1 | 1.1 | 1.2 | 1.2 | 1.1 | 1.1 | 1.1 | 1.1 | 1.1 |
| | 45 | juhua166 片状小花 | cm | 0.5 | 0.5 | 0.4 | 0.4 | 0.4 | 0.5 | 0.5 | 0.5 | 0.5 | 0.5 |
| | 46 | juhua063 片状小花 | cm | 2.4 | 2.2 | 2.75 | 3 | 3 | 2.75 | 2.2 | 2.2 | 2.2 | 2.75 |
| | 55 | juhua074 仪器适用于 | cm | 0.5 | 0.5 | 0.5 | 0.7 | 0.6 | 0.7 | 0.7 | 0.6 | 0.7 | 0.6 |
| 2022100 2540A | 63 | juhua086 仪器适用于 | cm | | | | | | | | | | |
| | 1 | juhua001 植株:高度 | cm | 37 | 39 | 36 | 35 | 38 | 38 | 38 | 39 | 40 | 40 |
| | 9 | juhua010 叶:长度 | cm | 5.3 | 5.8 | 4.7 | 5.2 | 6.1 | 5.7 | 5.4 | 5.1 | 5.1 | 5.3 |
| | 10 | juhua011 叶:宽度 | cm | 2.4 | 2.6 | 2.5 | 3.1 | 2.5 | 2.5 | 3.1 | 2.5 | 2.4 | 2.6 |
| | 11 | juhua012 叶:长/宽 | cm | 2.20833 | 2.23077 | 1.88 | 1.67742 | 2.03333 | 2.28 | 1.74194 | 2.04 | 2.125 | 2.03846 |
| | 26 | juhua161 仪器适用于 | cm | | | | | | | | | | |
| | 27 | juhua162 仪器适用于 | cm | 3 | 3 | 3.2 | 3 | 3 | 3 | 3.1 | 3.1 | 3.1 | 2.8 |
| | 28 | juhua163 仪器适用于 | cm | | | | | | | | | | |
| | 29 | juhua164 仪器适用于 | cm | 1.5 | 1.3 | 1.4 | 1.4 | 1.4 | 1.3 | 1.2 | 1.3 | 1.3 | 1.4 |
| | 30 | juhua040 仪器适用于 | 瓣 | 140 | 132 | 152 | 140 | 136 | 142 | 134 | 144 | 124 | 142 |
| | 44 | juhua061 片状小花 | cm | 1.3 | 1.3 | 1.3 | 1.3 | 1.2 | 1.15 | 1.25 | 1.3 | 1.35 | 1.25 |
| | 45 | juhua166 片状小花 | cm | 0.4 | 0.4 | 0.4 | 0.35 | 0.55 | 0.4 | 0.45 | 0.4 | 0.4 | 0.4 |
| | 46 | juhua063 片状小花 | cm | 3.25 | 3.75 | 3.75 | 3.71429 | 2.18182 | 2.875 | 2.77778 | 3.25 | 3.375 | 3.125 |

个体观测性状采集表　群体观测性状采集表　田间管理采集表　异型株-个体观测性状采集表　异型株-群体观测性状采集表

平均值=15.50366754545455　计数=110　最小值=0.16　最大值=132　求和=1705.40343

图8-15　测试数据导入模板

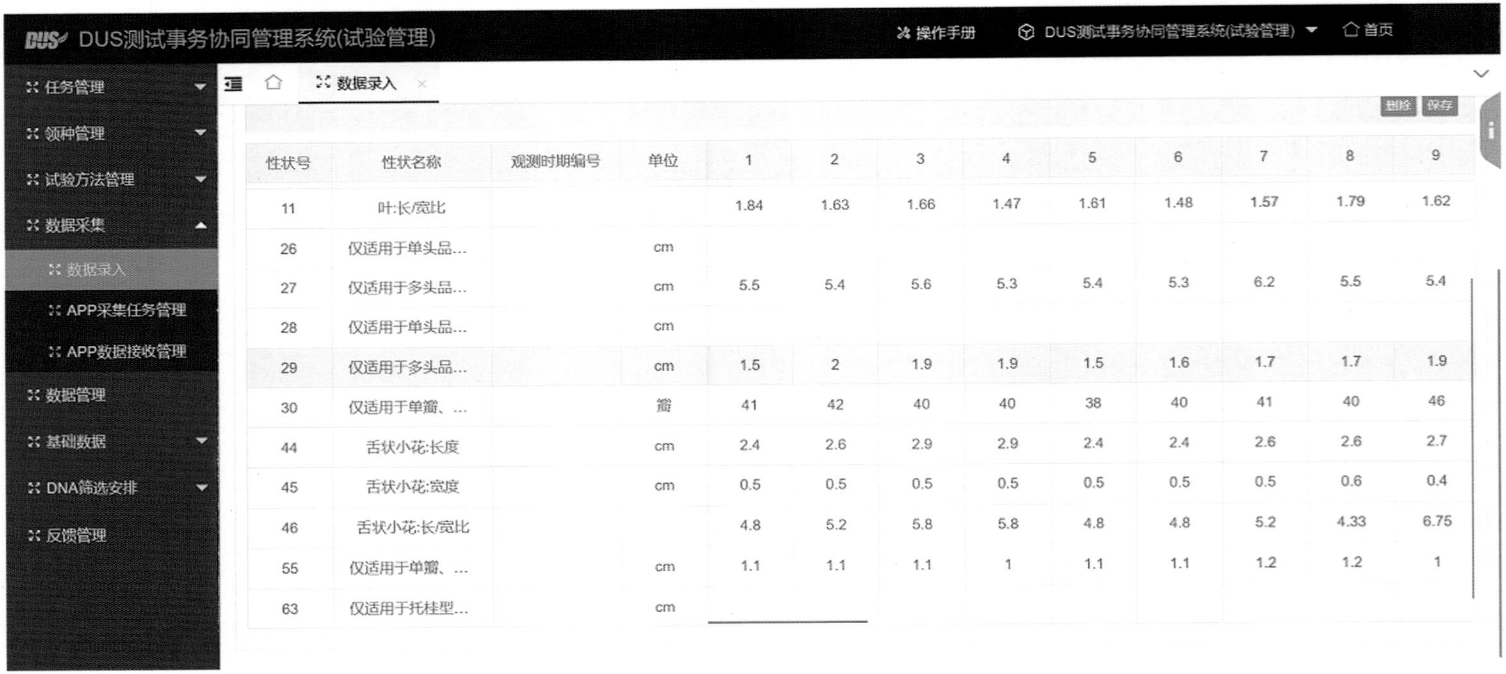

DUS测试事务协同管理系统(试验管理)
操作手册
DUS测试事务协同管理系统(试验管理)
首页
任务管理
领种管理
试验方法管理
数据采集
数据录入
APP采集任务管理
APP数据接收管理
数据管理
基础数据
DNA筛选安排
反馈管理
数据录入
删除
保存

| 性状号 | 性状名称 | 观测时期编号 | 单位 | 1 | 2 | 3 | 4 | 5 | 6 | 7 | 8 | 9 |
|---|---|---|---|---|---|---|---|---|---|---|---|---|
| 11 | 叶:长/宽比 | | | 1.84 | 1.63 | 1.66 | 1.47 | 1.61 | 1.48 | 1.57 | 1.79 | 1.62 |
| 26 | 仅适用于单头品… | | cm | | | | | | | | | |
| 27 | 仅适用于多头品… | | cm | 5.5 | 5.4 | 5.6 | 5.3 | 5.4 | 5.3 | 6.2 | 5.5 | 5.4 |
| 28 | 仅适用于单头品… | | cm | | | | | | | | | |
| 29 | 仅适用于多头品… | | cm | 1.5 | 2 | 1.9 | 1.9 | 1.5 | 1.6 | 1.7 | 1.7 | 1.9 |
| 30 | 仅适用于单瓣、… | | 瓣 | 41 | 42 | 40 | 40 | 38 | 40 | 41 | 40 | 46 |
| 44 | 舌状小花:长度 | | cm | 2.4 | 2.6 | 2.9 | 2.9 | 2.4 | 2.4 | 2.6 | 2.6 | 2.7 |
| 45 | 舌状小花:宽度 | | cm | 0.5 | 0.5 | 0.5 | 0.5 | 0.5 | 0.5 | 0.5 | 0.6 | 0.4 |
| 46 | 舌状小花:长/宽比 | | | 4.8 | 5.2 | 5.8 | 5.8 | 4.8 | 4.8 | 5.2 | 4.33 | 6.75 |
| 55 | 仅适用于单瓣、… | | cm | 1.1 | 1.1 | 1.1 | 1 | 1.1 | 1.1 | 1.2 | 1.2 | 1 |
| 63 | 仅适用于托桂型… | | cm | | | | | | | | | |

图8-16　导入数据后的模板上传至系统

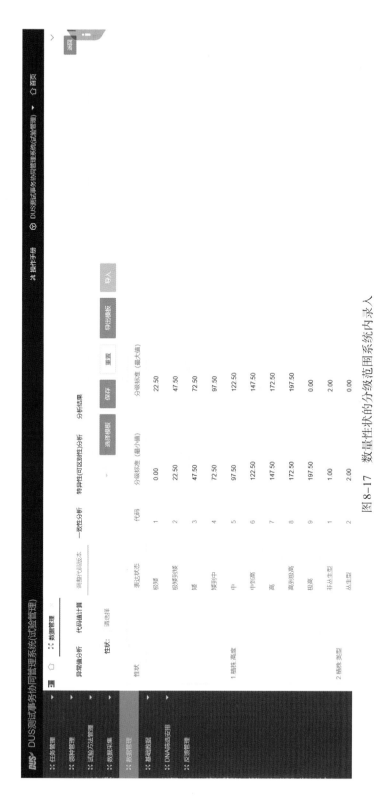

图8-17　数量性状的分级范围系统内录入

图 8-18 系统内代码生成

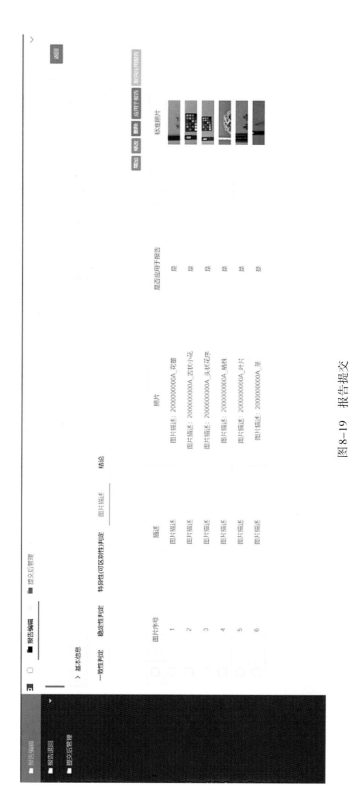

图 8-19 报告提交

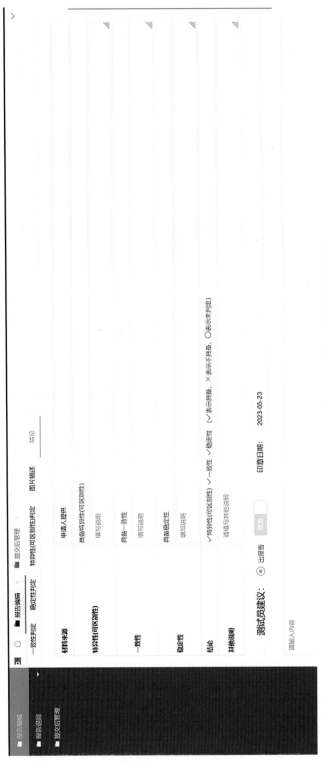

图 8-20　测试品种特异性、一致性、稳定性结果判定

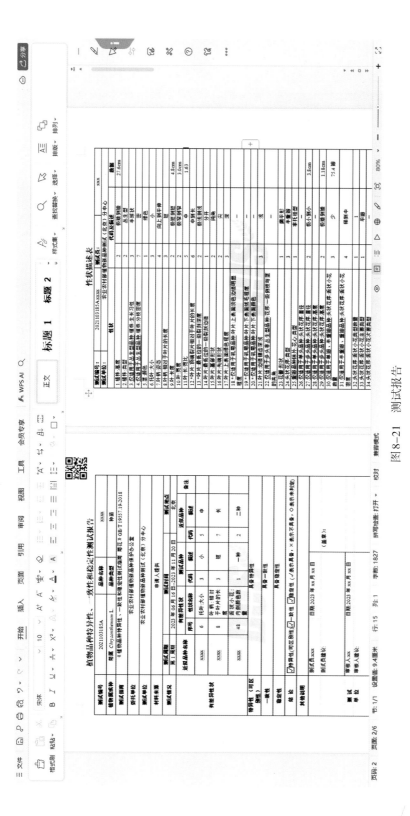

图8-21 测试报告

图8-22　异型株挂牌标记

图8-23　典型株与异型株对比照片

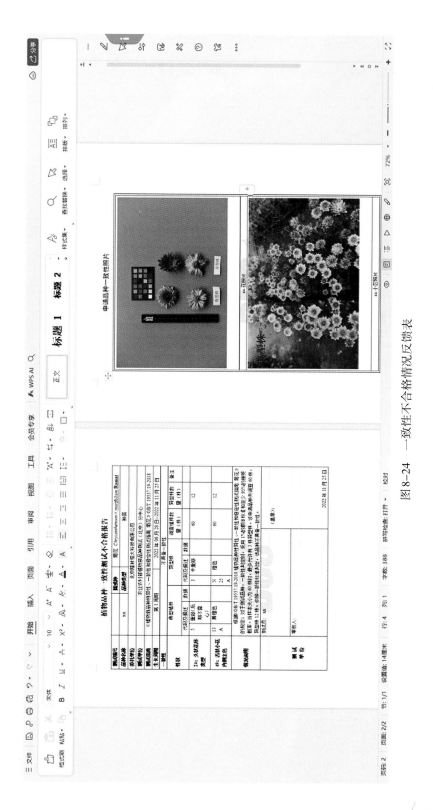

图 8-24　一致性不合格情况反馈表

一致性测试不合格结果表

| 性状 | 典型株 | | 异型株 | | 调查植株数量（株） | 异型株数量（株） | 备注 |
|---|---|---|---|---|---|---|---|
| | 代码及描述 | 数据 | 代码及描述 | 数据 | | | |
| 24.头状花序:类型 | 重瓣（后期不露心） | 5 | 半重瓣 | 3 | 60 | 12 | |
| 49.*舌状小花:内侧主色 | 黄橙色 | 13A | 橙色 | N25A | 60 | 12 | |
| 备注 | 根据《GB/T 19557.19—2018植物品种特异性、一致性和稳定性测试指南 菊花》的规定。对于测试品种，一致性判定时，采用1%的群体标准和至少95%的接受概率，当样本大小为60 株时，最多允许有3 株异型株。该申请品种共调查60 株。异型株12 株。依照一致性标准判定，该品种不具备一致性。 | | | | | | |

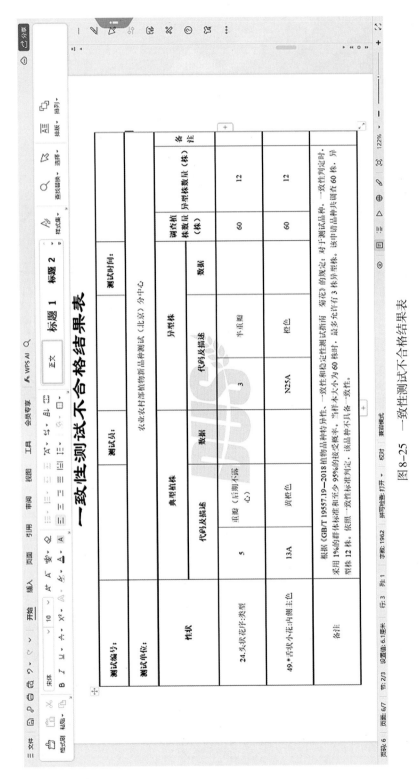

测试编号:

测试单位: 农业农村部植物新品种测试（北京）分中心

测试人: 测试时间:

图 8-25　一致性测试不合格结果表

# 附　录

## 附录1　北京分中心××××年菊花DUS测试种苗
接收登记单（以地被菊为例）

登记日期：××××年××月××日

登记人：×××

| 序号 | 申请品种编号 | 近似品种编号 | 品种类型 | 测试周期 | 种苗数量 | 种苗来源 | 备注 |
|------|------------|------------|---------|---------|---------|---------|------|
| 1 | ××××A | ×××B | 地被菊 | 1 | 50株 | | |
| 2 | … | … | … | … | … | | |
| 3 | | | | | | | |
| 4 | | | | | | | |
| 5 | | | | | | | |
| 6 | | | | | | | |
| 7 | | | | | | | |
| 8 | | | | | | | |
| 9 | | | | | | | |
| 10 | | | | | | | |
| 11 | | | | | | | |
| 12 | | | | | | | |
| 13 | | | | | | | |
| 14 | | | | | | | |
| 15 | | | | | | | |
| 16 | | | | | | | |
| 17 | | | | | | | |
| 18 | | | | | | | |
| … | | | | | | | |
| | | | | | | | |
| | | | | | | | |
| | | | | | | | |
| | | | | | | | |

## 附录2 北京分中心××××年菊花DUS测试品种田间排列种植单（以地被菊为例）

登记日期：××××年××月××日

登记人：×××

| 序号 | 小区号 | 品种编号 | 品种类型 | 种植行数 | 种植株数 | 测试周期 | 备注 |
|------|--------|----------|----------|----------|----------|----------|------|
| 1 | JH1 | ××××A | 地被菊 | … | 50 | 1 | |
| 2 | … | … | … | … | … | … | |
| 3 | | | | | | | |
| 4 | | | | | | | |
| 5 | | | | | | | |
| 6 | | | | | | | |
| 7 | | | | | | | |
| 8 | | | | | | | |
| 9 | | | | | | | |
| 10 | | | | | | | |
| 11 | | | | | | | |
| 12 | | | | | | | |
| 13 | | | | | | | |
| 14 | | | | | | | |
| 15 | | | | | | | |
| 16 | | | | | | | |
| 17 | | | | | | | |
| 18 | | | | | | | |
| … | | | | | | | |
| | | | | | | | |
| | | | | | | | |
| | | | | | | | |
| | | | | | | | |
| | | | | | | | |
| | | | | | | | |

# 附录3 北京分中心××××年菊花DUS测试品种田间种植图

（地被菊）

| | |
|---|---|
| 马路（北） | |

| | | | | | | | | | | |
|---|---|---|---|---|---|---|---|---|---|---|
| JH44 | JH43 | JH42 | JH41 | JH40 | JH39 | JH38 | JH37 | JH36 | JH35 | JH34 |

田间过道

| | | | | | | | | | | |
|---|---|---|---|---|---|---|---|---|---|---|
| JH23 | JH24 | JH25 | JH26 | JH27 | JH28 | JH29 | JH30 | JH31 | JH32 | JH33 |

田间过道

马路（西） 马路（东）

| | | | | | | | | | | |
|---|---|---|---|---|---|---|---|---|---|---|
| JH22 | JH21 | JH20 | JH19 | JH18 | JH17 | JH16 | JH15 | JH14 | JH13 | JH12 |

田间过道

| | | | | | | | | | | |
|---|---|---|---|---|---|---|---|---|---|---|
| JH01 | JH02 | JH03 | JH04 | JH05 | JH06 | JH07 | JH08 | JH09 | JH10 | JH11 |

玉米地（南）

（切花菊）

东（门口）

北墙 ——— 南

| | | | |
|---|---|---|---|
| JH201 | JH202 | JH203 | JH204 |
| 田间过道 | | | |
| JH208 | JH207 | JH206 | JH205 |
| 田间过道 | | | |
| JH209 | JH210 | JH211 | JH212 |
| 田间过道 | | | |
| JH216 | JH215 | JH214 | JH213 |
| 田间过道 | | | |
| JH217 | JH218 | JH219 | JH220 |
| 田间过道 | | | |
| JH224 | JH223 | JH222 | JH221 |
| 田间过道 | | | |
| JH225 | JH226 | JH227 | JH228 |
| 田间过道 | | | |
| JH232 | JH231 | JH230 | JH229 |
| 田间过道 | | | |
| JH233 | JH234 | JH235 | JH236 |
| 田间过道 | | | |
| JH240 | JH239 | JH238 | JH237 |
| 田间过道 | | | |
| JH241 | JH242 | JH243 | JH244 |
| …… | | | |

西

菊花品种DUS测试操作手册（北京）

## 附录4　北京分中心××××年菊花栽培管理记录汇总表

试验地点：中国农业科学院蔬菜花卉研究所廊坊农场

测试时期：＿＿＿年＿＿月＿＿日至＿＿月＿＿日

记录人：×××

| 试验地土质、肥力（氮、磷、钾含量）、前茬、小区面积及设计等情况 |
| --- |
| 　　试验地为偏沙性土，肥力中等、分布均匀，前作番茄。申请品种与近似品种相邻排列，设2次重复。小区面积约＿＿m²，畦长＿＿m，畦宽＿＿m，行距＿＿m，株距＿＿m，每畦种＿＿行，每行栽苗＿＿株。申请品种共＿＿行，＿＿株；近似品种＿＿行，＿＿株；标准品种＿＿行＿＿株无重复。田间管理：杀虫＿＿次，杀菌＿＿次，施肥＿＿次，灌溉＿＿次。 |

| 基本情况 | |
| --- | --- |
| 日期 | 管理内容名称 |
| | |
| | |
| | |

| 施肥情况 | |
| --- | --- |
| 日期 | 种类及施量 |
| | |
| | |
| | |

| 施药情况 | |
| --- | --- |
| 日期 | 种类、用量及方法 |
| | |
| | |
| | |

| 灌溉情况 | |
| --- | --- |
| 日期 | 灌溉方式、水量 |
| | |
| | |
| | |

| 测试过程遇不正常气候、病虫害、旱涝等情况说明 | |
| --- | --- |
| 日期 | 情况说明 |
| | |
| | |

## 附录5　北京分中心××××年菊花测试品种目测性状记录表（2018版指南）

目测性状调查表如下：

| 时间： | 地点： | | | 测试周期： | | | 测试员： | | | |
|---|---|---|---|---|---|---|---|---|---|---|
| 测试编号 | | | | | | | | | | |
| 2*植株：类型 | | | | | | | | | | |
| 3*仅适用于丛生型品种：植株：生长习性 | | | | | | | | | | |
| 4仅适用于丛生型品种：植株：分枝密度 | | | | | | | | | | |
| 5茎：颜色 | | | | | | | | | | |
| 6托叶：大小 | | | | | | | | | | |
| 7叶柄：姿态 | | | | | | | | | | |
| 8叶柄：相对于叶片的长度 | | | | | | | | | | |
| 12*叶片：顶端裂片相对于叶片的长度 | | | | | | | | | | |
| 13*叶片：最低位一级裂刻深度 | | | | | | | | | | |
| 14叶片：最低位一级裂刻边缘 | | | | | | | | | | |
| 15*叶片：基部形状 | | | | | | | | | | |
| 16叶片：先端形状 | | | | | | | | | | |
| 17*叶片：上表面绿色程度 | | | | | | | | | | |
| 18*仅适用于矶菊品种：叶片：上表面淡色边缘明显程度 | | | | | | | | | | |
| 19*仅适用于矶菊品种：叶片：下表面绒毛程度 | | | | | | | | | | |
| 20*仅适用于矶菊品种：叶片：下表面颜色 | | | | | | | | | | |

| 21 叶片：边缘锯齿深浅 | | | | | | | | | | |
|---|---|---|---|---|---|---|---|---|---|---|
| 22* 仅适用于多头非丛生型品种：花序：一级侧枝与茎的夹角 | | | | | | | | | | |
| 23 花蕾：形状 | | | | | | | | | | |
| 24* 头状花序：类型 | | | | | | | | | | |
| 25* 重瓣品种除外：花心：类型 | | | | | | | | | | |
| 31* 仅适用于半重瓣、重瓣品种：头状花序：舌状小花密度 | | | | | | | | | | |
| 32* 头状花序：舌状小花类型数量 | | | | | | | | | | |
| 33* 头状花序：舌状小花主要类型 | | | | | | | | | | |
| 34* 头状花序：舌状小花次要类型 | | | | | | | | | | |
| 35 舌状小花：毛刺 | | | | | | | | | | |
| 36* 仅适用于单瓣、半重瓣品种：舌状小花：基部朝向 | | | | | | | | | | |
| 37 舌状小花：上表面状态 | | | | | | | | | | |
| 38 仅适用于有龙骨品种：舌状小花：龙骨数量 | | | | | | | | | | |
| 39* 舌状小花：花冠筒长度 | | | | | | | | | | |
| 40* 舌状小花：花瓣最宽处横切面形状 | | | | | | | | | | |
| 41 舌状小花：边缘卷曲 | | | | | | | | | | |
| 42* 舌状小花：纵向姿态 | | | | | | | | | | |
| 43 仅适用于半重瓣、重瓣品种：舌状小花：内轮瓣纵向姿态（如果与外轮瓣不同） | | | | | | | | | | |

| | | | | | | | | | |
|---|---|---|---|---|---|---|---|---|---|
| 47 舌状小花：顶端形状 | | | | | | | | | |
| 48* 舌状小花：内侧颜色数量 | | | | | | | | | |
| 49* 舌状小花：内侧主色 | | | | | | | | | |
| 50* 舌状小花：内侧次色 | | | | | | | | | |
| 51* 舌状小花：内侧次色分布位置 | | | | | | | | | |
| 52* 舌状小花：内侧次色分布形式 | | | | | | | | | |
| 53* 舌状小花：外侧与内侧颜色比较 | | | | | | | | | |
| 54* 舌状小花：外侧颜色（内侧与外侧明显不同时） | | | | | | | | | |
| 56* 仅适用于单瓣、半重瓣非托桂型品种：花心：直径相对于头状花序直径的大小 | | | | | | | | | |
| 57* 仅适用于非托桂型品种：花心：颜色（花药开裂前） | | | | | | | | | |
| 58* 仅适用于非托桂型品种：花心：中部深色区（花药开裂前） | | | | | | | | | |
| 59* 仅适用于托桂型品种：花心：颜色（花药开裂前） | | | | | | | | | |
| 60* 仅适用于托桂型品种：花心：颜色（花药开裂时） | | | | | | | | | |
| 61 仅适用于托桂型品种：管状小花：类型 | | | | | | | | | |
| 62 仅适用于托桂型品种：管状小花：颜色 | | | | | | | | | |

## 附录6　北京分中心××××年菊花测试品种 测量性状记录表（2018版指南）

测量性状调查表如下：

| 时间：　　　　地点：　　　　测试周期：　　　　测试员： | | | | | | | | | | |
|---|---|---|---|---|---|---|---|---|---|---|
| 编号： | 1 | 2 | 3 | 4 | 5 | 6 | 7 | 8 | 9 | 10 |
| 1*植株：高度 | | | | | | | | | | |
| 9*叶：长度 | | | | | | | | | | |
| 10*叶：宽度 | | | | | | | | | | |
| 11*叶：长/宽比 | | | | | | | | | | |
| 26*仅适用于单头品种：头状花序：直径 | | | | | | | | | | |
| 27*仅适用于多头品种：头状花序：直径 | | | | | | | | | | |
| 28仅适用于单头品种：头状花序：高度 | | | | | | | | | | |
| 29仅适用于多头品种：头状花序：高度 | | | | | | | | | | |
| 30*仅适用于单瓣、半重瓣品种：头状花序：舌状小花数量 | | | | | | | | | | |
| 44*舌状小花：长度 | | | | | | | | | | |
| 45*舌状小花：宽度 | | | | | | | | | | |
| 46*舌状小花：长/宽比 | | | | | | | | | | |
| 55仅适用于单瓣、半重瓣非托桂型品种：花心：直径 | | | | | | | | | | |
| 63仅适用于托桂型品种：管状小花：长度 | | | | | | | | | | |

# 附　件

## 附件1　品种权申请请求书

| | | | 此框由农业农村部植物新品种保护办公室填写 | |
|---|---|---|---|---|
| 5品种暂定名称(中英文) | | | 1申请日 | |
| | | | 2申请号 | |
| 6品种所属的属或者种的中文和拉丁文<br>请选择植物种类 | | | 3优先权日 | |
| | | | 4分案提交日 | |
| 7培育人 | | | | |
| 8申请人 | ①代表 | 名称或姓名： | 申请人性质：请选择申请人性质 | |
| | | 机构代码或身份证号码： | 国籍或所在国（地区）： | |
| | | 地址： | 邮政编码： | |
| | | 联系人：　　　　电话： | 传真： | |
| | | 手机：　　　　电子邮箱： | | |
| | ② | 名称或姓名： | 申请人性质：请选择申请人性质 | |
| | | 机构代码或身份证号码： | 国籍或所在国（地区）： | |
| | | 地址： | 邮政编码： | |
| | | 联系人：　　　　电话： | 传真： | |
| | | 手机：　　　　电子邮箱： | | |
| | ③ | 名称或姓名： | 申请人性质：请选择申请人性质 | |
| | | 机构代码或身份证号码： | 国籍或所在国（地区）： | |
| | | 地址： | 邮政编码： | |
| | | 联系人：　　　　电话： | 传真： | |
| | | 手机：　　　　电子邮箱： | | |
| 9代理机构 | | 代理机构名称： | 组织机构代码： | |
| | | 地址： | 邮政编码： | |
| | | 代理人姓名：　　　　电话： | 传真： | |
| | | 手机：　　　　电子邮箱： | | |

| | 品种的主要培育地：<br>　　　　国　　　　省（市、区）　　　　地（市）　　　　县 | | | |
|---|---|---|---|---|
| 10<br>其<br>他 | 是否<br>转基因<br>品种 | □是　　　　　　□否 | | |
| | | 转基因生物名称 | 转基因安全证书编号 | 亲本/组合 |
| | | | | |
| | 是否已向指定机构提供繁殖<br>材料（标准样品） | □是　　　　　　保藏号：<br>□否 | | |
| | 官方DUS测试 | □已完成　　　测试编号：<br>□正在进行　　测试编号：<br>□未进行 | | |

| 11 申请文件清单 | 12 附加文件清单 |
|---|---|
| （1）品种权申请请求书　　份　每份　页<br><br>（2）说明书　　　　　　　份　每份　页<br><br>（3）照片及其简要说明　份　每份　页 | □代理委托书　　　　　　　份　每份　页<br>□转基因安全证书复印件　　份　每份　页<br>□DUS测试报告原件　　　　份　每份　页<br>□繁殖材料合格通知书复印件　份　每份　页<br>□品种审定证书复印件　　　份　每份　页<br>□　　　　　　　　　　　　份　每份　页 |

**13 全体申请人或代理机构签字或盖章：**


　　　我承诺，所有申请材料真实，并承担因弄虚作假造成的一切后果和法律责任。







**14 收件人信息**

邮政编码：

通讯地址：

收件人单位：

收件人：

# 品种权申请请求书英文信息表

| | | |
|---|---|---|
| 1品种暂定名称（中英文） | | |
| 2培育人 | | |
| 3申请人 | ① 代表 | 名称或姓名：<br><br>地址： |
| | ② | 名称或姓名：<br><br>地址： |
| | ③ | 名称或姓名：<br><br>地址： |

附件2 说 明 书

品种暂定名称：

一、申请品种的育种信息
1.育种背景

2.品种来源摘要（限300字）

3.育种详细过程

二、选择的近似品种及理由
1.选择的近似品种名称

2.选择近似品种的理由

三、申请品种新颖性的说明

四、申请品种特异性、一致性和稳定性的说明
1.特异性说明

2.一致性说明

3.稳定性说明

五、适于生长的区域或环境以及栽培技术的说明
1.适宜生长的区域或环境

2.栽培技术说明

六、申请品种与近似品种的性状对比

# 附件3 菊花技术问卷

附录C

（规范性附录）

菊花技术问卷格式

## 菊花技术问卷

<table>
<tr><td>申请号：<br><br>申请日：<br><br>[由审批机关填写]</td></tr>
</table>

**（申请人或代理机构签章）**

---

C.1 品种暂定名称：＿＿＿＿＿＿＿＿＿

C.2 植物学名称

    拉丁名：＿＿＿＿＿＿＿＿＿＿＿＿

    中文名：＿＿＿＿＿＿＿＿＿＿＿＿

C.3 品种类型

    在相符的类型 [   ] 中打√。

C.3.1 按栽培方式分类

| | |
|---|---|
| C.3.1.1 切花菊 | [   ] |
| C.3.1.1.1 切花小菊 | [   ] |
| C.3.1.1.2 切花大菊 | [   ] |
| C.3.1.2 盆栽菊 | [   ] |
| C.3.1.2.1 盆栽小菊 | [   ] |
| C.3.1.2.2 传统品种菊 | [   ] |
| C.3.1.3 地被菊 | [   ] |

C.3.2 按用途分类

| | |
|---|---|
| C.3.2.1 观赏菊 | [   ] |
| C.3.2.2 食用菊 | [   ] |
| C.3.2.3 药用菊 | [   ] |

C.4 申请品种具有代表性的彩色照片

品种照片粘贴处
(如果照片较多，可另附页提供)

C.5 其他有助于辨别申请品种的信息
（如品种用途、品质抗性，请提供详细资料）

C.6 品种种植或测试是否需要特殊条件？
在相符的 [ ] 中打√。
是 [ ]          否 [ ]
（如果回答是，请提供详细资料）

C.7 品种繁殖材料保存是否需要特殊条件？
在相符的 [ ] 中打√。
是 [ ]          否 [ ]
（如果回答是，请提供详细资料）

C.8 申请品种需要指出的性状
在表 C.1 中相符的代码后 [ ] 中打√，若有测量值，请填写在表 C.1 中。

表C.1 申请品种需要指出的性状

| 序号 | 性　状 | 表达状态 | 代　码 | 测量值 |
|---|---|---|---|---|
| 1 | *植株：高度（性状1） | 极矮 | 1 [ ] | |
| | | 极矮到矮 | 2 [ ] | |
| | | 矮 | 3 [ ] | |
| | | 矮到中 | 4 [ ] | |
| | | 中 | 5 [ ] | |
| | | 中到高 | 6 [ ] | |
| | | 高 | 7 [ ] | |
| | | 高到极高 | 8 [ ] | |
| | | 极高 | 9 [ ] | |
| 2 | *植株：类型（性状2） | 非丛生型 | 1 [ ] | |
| | | 丛生型 | 2 [ ] | |
| 3 | *头状花序：类型（性状21） | 无舌状小花 | 1 [ ] | |
| | | 单瓣 | 2 [ ] | |
| | | 半重瓣 | 3 [ ] | |
| | | 重瓣（后期露心） | 4 [ ] | |
| | | 重瓣（后期不露心） | 5 [ ] | |
| 4 | *重瓣品种除外：花心：类型（性状22） | 非托桂型 | 1 [ ] | |
| | | 托桂型 | 2 [ ] | |
| 5 | *仅适用于单头品种：头状花序：直径（性状23） | 极小 | 1 [ ] | |
| | | 极小到小 | 2 [ ] | |
| | | 小 | 3 [ ] | |
| | | 小到中 | 4 [ ] | |
| | | 中 | 5 [ ] | |
| | | 中到大 | 6 [ ] | |
| | | 大 | 7 [ ] | |
| | | 大到极大 | 8 [ ] | |
| | | 极大 | 9 [ ] | |
| 6 | *仅适用于多头品种：头状花序：直径（性状24） | 极小 | 1 [ ] | |
| | | 极小到小 | 2 [ ] | |
| | | 小 | 3 [ ] | |
| | | 小到中 | 4 [ ] | |

（续）

| 序号 | 性　状 | 表达状态 | 代　码 | 测量值 |
|------|--------|----------|--------|--------|
| 6 | *仅适用于多头品种：头状花序：直径（性状24） | 中 | 5　[　] | |
| | | 中到大 | 6　[　] | |
| | | 大 | 7　[　] | |
| | | 大到极大 | 8　[　] | |
| | | 极大 | 9　[　] | |
| 7 | *头状花序：舌状小花主要类型（性状30） | 平瓣 | 1　[　] | |
| | | 内曲 | 2　[　] | |
| | | 匙状 | 3　[　] | |
| | | 管状 | 4　[　] | |
| | | 漏斗状 | 5　[　] | |
| 8 | *舌状小花：内侧颜色数量（性状45） | 一种 | 1　[　] | |
| | | 二种 | 2　[　] | |
| | | 多于二种 | 3　[　] | |
| 9 | *舌状小花：内侧主要颜色（性状46） | 白色或近白色 | 1　[　] | |
| | | 黄绿色 | 2　[　] | |
| | | 绿色 | 3　[　] | |
| | | 淡黄色 | 4　[　] | |
| | | 黄色 | 5　[　] | |
| | | 橙色 | 6　[　] | |
| | | 粉红色 | 7　[　] | |
| | | 红色 | 8　[　] | |
| | | 浅紫色 | 9　[　] | |
| | | 紫色 | 10　[　] | |
| 10 | *舌状小花：内侧次要颜色（性状47） | 白色或近白色 | 1　[　] | |
| | | 黄绿色 | 2　[　] | |
| | | 绿色 | 3　[　] | |
| | | 淡黄色 | 4　[　] | |
| | | 黄色 | 5　[　] | |
| | | 橙色 | 6　[　] | |
| | | 粉红色 | 7　[　] | |
| | | 红色 | 8　[　] | |
| | | 浅紫色 | 9　[　] | |
| | | 紫色 | 10　[　] | |

附件4　照片及其简要说明

照片一的简要说明：

菊花品种DUS测试操作手册（北京）

照片二的简要说明：

## 附件5  代理委托书

兹

委托 _____

地址 _____


□1. 代为办理品种暂定名称为 _____ 的品种权申请（申请号

为：_____ ）以及品种权有效期内的全部有关事务。

□2. 代为办理请求宣告品种名称为 _____

品种权号为 _____ 品种权无效事务。

□3. 代为办理 _____ 其他有关事务。


（上述1、2项只能任选一项，同时选择一项以上的代理委托书无效；

在中国没有经常居所的外国申请人委托时应当选第1项）

代理机构接受上述委托并指定 _____ 办理此项委托


委托人（单位或个人）_____（盖章或签字）


被委托人（代理机构）_____（盖章）

年　月　日

# 附件6 附　　页

| 1品种权申请或品种权 | 申请号或品种权号 |
| | 品种暂定名称或品种名称 |
| | 申请人或品种权人（代表） |

# 参考文献

陈俊愉，梁振强，1964. 菊花探源：关于菊花起源的科学实验［J］. 科学画报（9）：353-354.

陈俊愉，王彩云，等，2012. 菊花起源［M］. 合肥：安徽科学技术出版社.

陈俊愉，2007. 中国菊花过去和今后对世界的贡献［C］//中国风景园林学会菊花研究专业委员会. 中国（中山小榄）国际菊花研讨会论文集. 北京林业大学园林学院，2007：6.

陈发棣，蒋甲福，房伟民，2002. 秋水仙素诱导菊花脑多倍体的研究［J］. 上海农业学报，18（1）：46-50.

陈发棣，房伟民，赵宏波，等，2005. 菊花新品种：夏花型盆栽小菊系列［J］. 园艺学报，32（3）：567-567.

陈琳，李晓峰，2012. 菊花杂交新品种选育报告［J］. 安阳工学院学报，11（4）：90-92.

陈红安，袁梦婷，2011. 菊花科学育种技术的研究进展［C］//河南省豫建市政园林工程有限公司. 土木建筑学术文库（第15卷）. 2011：2.

晁岳恩，2000. 根癌农杆菌介导的菊花遗传转化体系的建立及ipt基因的导入［D］. 重庆：西南农业大学.

戴思兰，1994. 中国栽培菊花起源的综合研究［D］. 北京：北京林业大学.

戴思兰，陈俊愉，1996. 菊属7个种的人工种间杂交试验［J］. 北京林业大学学报（4）.

戴思兰，王文奎，黄家平，2002. 菊属系统学及菊花起源的研究进展［J］. 北京林业大学学报（Z1）：234-238.

戴思兰，张莉俊，雒新艳，2002. 菊花学名的考证［C］//北京林业大学园林学院. 中国菊花研究论文集（2002—2006）. 2002：78-84.

伏静，戴思兰，2016. 基于高光谱成像技术的菊花花色表型和色素成分分析［J］. 北京林业大学学报，38（8）：88-98.

傅玉兰，郑路，1994. 冬菊新品种选育［J］. 安徽农业大学学报（1）：59-62.

范家霖，杨保安，1996. 组织培养在菊花辐射育种中的应用研究［J］. 河南科技，14（4）：455-459.

郭安熙，杨保安，范家霖，等，1991. 金光四射等六个菊花新品种的辐射选育［J］. 核农学通报，12（2）：73-75.

观赏园艺卷编委会，1990. 中国农业百科全书：观赏园艺卷［M］. 北京：中国农业出版社.

何俊平，陈发棣，陈素梅，等，2010. 不同菊花品种抗蚜虫性鉴定［J］. 生态学杂志，29（7）：1382-1386.

黄善武，葛红，1994. 辐射诱发瓜叶菊雄性不育系及其利用研究［J］. 核农学报（3）：180-184.

洪波，何淼，丁兵，等，2000. 空间诱变对露地栽培菊矮化性状的影响［J］. 植物研究（2）：212-214.

李翠，郝福顺，孙立荣，2018. 利用CRISPR/Cas9技术有效沉默菊花 DgGA20ox 基因［J］. 河南科技学院学报（自然科学版），46（5）：22-26.

刘金勇，2004. 菊花品种遗传改良研究进展［J］. 湖南林业科技（1）：49-52.

刘慎谔，1993. 说菊［J］. 自然（50）：22-24.

李辛雷，陈发棣，2004. 菊花种质资源与遗传改良研究进展［J］. 植物学通报（4）：392-401.

李宏彬，黄建昌，廖海坤，2002. 菊花辐射育种研究初报［J］. 广东园林（1）：35-37.

李鸿渐，邵健文，1990. 中国菊花品种资源的调查收集与分类［J］. 南京农业大学学报（1）：30-36.

李鸿渐，张效平，王彭伟，1991. 切花菊新品种选育的研究［J］. 南京农业大学学报，14（3）：31-35.

李鸿渐，1992. 中国菊花［M］. 南京：江苏科学技术出版社.

李懋学，张敩芳，陈俊愉，1983. 我国某些野生和栽培菊花的细胞学研究［J］. 园艺学报（3）：199-206，219-222.

刘雪霞，2010. 菊花品种形态分类的研究进展［J］. 科技创新导报（9）：133.

卢钰，刘军，丰震，等，2004. 菊花育种研究现状及今后的研究方向［J］. 山东农业大学学报（自然科学版）（1）：145-149.

妙晓莉，曹轩峰，陈建宏，2013. 菊花新品种"胭脂露"的选育［J］. 北方园艺（15）：172-173.

密士军，郝再彬，2002. 航天诱变育种研究的新进展［J］. 黑龙江农业科学（4）：31-33，53.

皮伟，2004. 根癌农杆菌介导FPF1基因转化菊花的研究［D］. 重庆：西南农业大学.

齐孟文，王化国，1997. 我国花卉辐射育种的进展和剖析［J］. 核农学通报（6）：39-41.

裘文达，李曙轩，1983. 利用菊花花瓣组织培养获得新类型（初报）［J］. 浙江农业大学学报（3）：47-50.

苏江硕，贾棣文，王思悦，等，2022. 中国菊花遗传育种60年回顾与展望［J］. 园艺学报，49（10）：2143-2162.

邵寒霜，李继红，郑学勤，等，1999. 拟南芥LFYc DNA的克隆及转化菊花的研究［J］. 植物学报（3）：42-45.

孙文松，2013. 菊花品种起源及形态学分类研究［J］. 黑龙江农业科学（9）：58-60.

汤忠皓，1963. 中国菊花品种分类的探讨［J］. 园艺学报，2（4）：411-420.

王春夏. 菊花育种技术及其F_1代杂种鉴定［D］. 武汉：华中农业大学，2004.

王彭伟，陈俊愉，1990. 地被菊新品种选育研究［J］. 园艺学报（3）：223-228.

王雁，李潞滨，韩蕾，2002. 空间诱变技术及其在我国花卉育种上的应用［J］. 林业科学研究（2）：229-234.

王彭伟，李鸿渐，张效平，1996. 切花菊单细胞突变育种研究［J］. 园艺学报（3）：79-82.

王丽君，王彩君，2007. 浅谈菊花育种及其发展现状［J］. 北方园艺（8）：161-163.

王雅君，2008. 菊花新品种"龙凤巢"育种及栽培技术［J］. 河北林业科技（4）：100-101.

薛守纪，2004. 中国菊花图谱［M］. 北京：中国林业出版社.

许建兰，马瑞娟，俞明亮，等，2022. 观赏桃新品种钟雪的选育［J］. 果树学报，39（12）：2436-2438.

杨保安，范家霖，张建伟，等，1996. 辐射与组培复合育成"霞光"等14个菊花新品种［J］. 河南科学（1）：57-60.

杨真，李海涛，2016. 观赏菊花分类探讨［J］. 现代园艺（11）：81-82.

袁培森，黎薇，任守纲，等，2018. 基于卷积神经网络的菊花花型和品种识别［J］. 农业工程学报，34（5）：152-158.

颜津宁，胡新颖，杨迎东，等，2014. 辽菊924选育及配套栽培技术［J］. 辽宁农业科学（2）：78-80.

杨秋，唐岱，孙晓佳，等，2007. 菊花品种起源与园艺分类进展［J］. 北方园艺（11）：91-93.

张树林. 中国菊花研究进展［C］//中国风景园林学会. 中国菊花研究论文集（1997—2001）. 北京市园林局，2001：8.

张树林，1965. 菊花品种分类的研究［J］. 园艺学报（1）：35-46，61-62.

张效平，李鸿渐，王彭伟，1998. 春菊切花新品种选育及配套栽培技术研究［C］//中国园艺学会. 中国科协第3届青年学术年会园艺学卫星会议暨中国园艺学会第2届青年学术讨论会论文集. 南京：东南大学出版社：3.

周建松，2010. "金菊2号"特征特性及其栽培技术［J］. 安徽农学通报（上半月刊），16（7）：90，171.

赵艳莉，曹琴，李战鸿，2016. 观赏菊花新品种汴梁彩虹和汴梁黄冠的选育［J］. 农业科技通讯（3）：189-191.

赵艳莉，李战鸿，曹琴，等，2022. 菊花新品种'汴京庆典黄'［J］. 园艺学报，49（S2）：175-176.

朱明涛，贾丽，2011. 菊花育种技术研究进展［J］. 玉林师范学院学报，32（2）：84-87.

翟果，李志敏，路文超，等，2016. 基于图像处理技术的观赏菊品种识别方法研究［J］. 中国农机化学报，37（2）：105-110，115.

周厚高，王文通，乔志钦，等，2015. 切花小菊新品种'缤纷'［J］. 园艺学报，42（1）：201-202.

周建松，徐杰，陆玉英，等，2009. 杭白金菊1号的特征特性及栽培技术［J］. 浙江农业科学（4）：2.

Antonyuk N M, 1991. Use of mutagens in breeding omamental[J]. Introduktsiya I Akklimatizatsiya Rasteniin, 13：97–99.

Boase M R, Miller R, Deroles S C, 1997. Chrysanthemum systematics genetics, and breeding[J]. In：Jules J ed. Plant Breeding Reviews. London：John Wiley & Sons, 14：321–361.

Broertjes C, Lock C A M, 1985. Radiation–induced low–temperature tolerate solid mutants of Chrysanthemum morifolium[J]. Euphytica, 34：97–103.

Cobb J N, Biswas P S, Platten J D, 2019. Back to the future：revisiting MAS as a tool for modern plant breeding[J]. Theoretical and Applied Genetics, 132：647–667.

Chong X R, Su J S, Wang F, Wang H B, Song A P, Guan Z Y, Fang W M, Jiang J F, Chen S M, Chen F D, Zhang F, 2019. Identification of favorable SNP alleles and candidate genes responsible for inflorescence–related traits via GWAS in chrysanthemum[J]. Plant Molecular Biology, 99：407–420.

Courtney–Gutterson N, Firoozabady E, Lemieux C, et al, 1993. Production of genetically engineered color–modified chrysanthemum plants carrying a homologous chalcone synthase gene and their field performance[J]. Acta Hort, 336：57–62.

Dolgov S V, Mityshkina T U, Rukavtsova E B, Buryanov Y I, 1995. Production of transgenic plants of Chrysanthemum morifolium ramat. with the gene of Bacillus thuringiensis endotoxin[J]. Acta Hort, 420：46–47.

Gleim S, Lubieniechi S, Smyth S J, 2020. CRISPR–Cas 9 application in Canadian public and private plant breeding[J]. The CRISPR Journal, 3：44–51.

Huttema J B M, Preil W, Gussenhoven G C, Schneiderr M, 1991. Methods for selection of low–temperature tolerance mutants of Chrysanthemum morifolium ramat. using irradiated cell suspension cultures[J]. Plant Breeding, 102：140–147.

Han X Y, Luo Y T, Lin J Y, Wu H Y, Sun H, Zhou L J, Chen S M, Guan Z Y, Fang W M, Zhang F, Chen F D, Jiang J F, 2021. Generation of purple–violet chrysanthemums via anthocyanin B–ring hydroxylation and glucosylation introduced from Osteospermum hybrid F3′5′H and Clitoria ternatea A3′5′GT[J]. Ornamental Plant Research, 1：1–9.

Huang H, Hu K, Han K T, Xiang Q Y, Dai S L, 2013. Flower colour modification of chrysanthemum by suppression of F3′H and overexpression of the exogenous Senecio cruentus F3′5′H gene[J]. PLoS ONE 8（11）：e74395. https://doi.org/10.1371/journal.pone.0074395.

Hirakawa H, Sumitomo K, Hisamatsu T, Nagano S, Shirasawa K, Higuchi Y, Kusaba M, Koshioka M, Nakano Y, Yagi M, 2019. De novo whole–genome assembly in Chrysanthemum seticuspe, a model species of Chrysanthemums, and its application to genetic and gene discovery analysis[J]. DNA Research, 26：195–203.

Kishi–Kaboshi M, Aida R, Sasaki K, 2017. Generation of gene–edited Chrysanthemum morifolium using multicopy transgenes as targets and markers[J]. Plant and Cell Physiology, 58：216–226.

Liu Z L, Wang J, Tian Y, Dai S L, 2019. Deep learning for image-based large-flowered chrysanthemum cultivar recognition [J]. Plant Methods, 15: 1-11.

Li X, Yang Q, Liao X Q, Tian Y C, Zhang F, Zhang L, Liu Q L, 2022. A natural antisense RNA improves chrysanthemum cold tolerance by regulating the transcription factor DgTCP1 [J]. Plant Physiology, 190 (1): 605-620.

Lema-Rumińska J, Zalewska M, 2005. Changes in flower colour among Lady Group of Chrysanthemum x grandiflorum /Ramat. /Kitam. as a result of mutation breeding [J]. Folia Horticulturae, 17 (1): 61-72.

Matsumura A, Nomizu T, Furutani N, et al., 2010. Ray florets color and shape mutants induced by 12C5+ ion beam irradiation in chrysanthemum [J]. Sci Hortic, 123 (4): 558-561.

Mandal A K A, Chakrabarty D, Datta S K, 2000. Application of in vitro techniques in mutation breeding of Chrysanthemum [J]. Plant Cell Tiss Org Cult, 60: 33-38.

Mitiouchkina T Y, Dolgov S V, 2000a. Modification of Chrysanthemum plant and flower architecture by rolC gene from agrobacterium rhizogenes introduction [J]. Acta Hort, 508: 163-169.

Mitiouchkina T Yu, Ivanova E P, 2000b. Chalcone synthase gene from Antirrhinum majus in antisense orientation successfully suppressed the petals pigmentation of chrysanthemum [J]. Acta Horticulture, 508: 215-218.

Miler N, Kulus D, 2018. Microwave treatment can induce chrysanthemum phenotypic and genetic changes [J]. Sci. Hortic, 227: 223-233.

NEGISS, 1984. New cultivars of Chrysanthemum [J]. Indian Horticulture, 19 (1): 19-20.

Noda N, Yoshioka S, Kishimototo S, et al., 2017. Generation of blue chrysanthemums by anthocyanin B-ring hydroxyl-ation and glucosylation and its coloration mechanism [J]. Science advances, 3 (7): e1602785.DOI:10.1126/sciadv.1602785.

Okamura, M, Hase, Y, Furusawa, Y, et al., 2015. Tissue-dependent somaclonal mutation frequencies and spectra enhanced by ion beam irradiation in Chrysanthemum [J]. Euphytica, 202 (3): 333-343.

Petty L M, Thompson A J, Thomas B, 2000. Modifying Chrysanthemum (Dendranthema grandiflorum) growth habit genetic manipulation [J]. Acta Hort, 508: 319-321.

Qi C, Gao J, Chen K, Shu L, Pearson S, 2022. Tea Chrysanthemum detection by leveraging generative adversarial networks and edge computing [J]. Front Plant Sci. 2022 Apr 7; 13: 850606. doi: 10. 3389/fpls. 2022. 850606. PMID: 35463441; PMCID: PMC9021924.

Song C, Liu Y F, Song A P, Dong G Q, Zhao H B, Sun W, Ramakrishnan S, Wang Y, Wang S B, Li T Z, Niu Y, Jiang J F, Dong B, Xia Y, Chen S M, Hu Z G, Chen F D, Chen S L, 2018. The Chrysanthemum nankingense genome provides insights into the evolution and diversification of chrysanthemum flowers and medicinal traits [J]. Molecular Plant, 11 (12): 1482-1491.

Sun CQ, Chen FD, Teng NJ, Liu JL, Fang WM and Hou XL, 2010. Interspecific hybrids between Chrysanthemum grandiflorum (Ramat.) Kitamura and Chrysanthemum indicum (L.) Des Moul.

菊花品种DUS测试操作手册（北京）

and their drought tolerance evaluation [ J ]. Euphytica, 174: 51–60.

Su J S, Zhang F, Chong X R, Song A P, Guan Z Y, Fang W M, Chen F D, 2019. Genome–wide association study identifies favorable SNP alleles and candidate genes for waterlogging tolerance in chrysanthemums [ J ]. Horticulture Research, 6: 21.

Spaargaren J. J, 2002. De Teelt Van Jaarrond chrysanthen [ M ]. J. J. Spaargaren, Aalsmeer, 253.

Takatsu Y, Nishizawa Y, 1999. Transgenic chrysanthemum expressing a rice chitinase gene shows enhanced resistance to fungal diseases [ J ]. Scientia Horticulture, 82 ( 1–2 ): 113–123.

Ueno K I, Nagayoshi S, Imakiire S, et al., 2013. Breeding of new Chrysanthemum cultivar 'Aladdin 2' through stepwise improvements of cv. 'Jimba' using ion beam re–irradiation [ J ]. Engeigaku Kenkyuu, 12 ( 3 ): 245–254.

Van Lieshout N, van Kaauwen M, Kodde L, Arens P, Smulders MJM, Visser RGF, Finkers R, 2022. De novo whole–genome assembly of Chrysanthemum makinoi, a key wild chrysanthemum [ J ]. G3 ( Bethesda ), 12 ( 1 ): jkab358.doi:10.1093/g3journal/jkab358.

Vanderschuren H, Lentz E, Zainuddin I, Gruissem W, 2013. Proteomics of model and crop plant species: status, current limitations and strategic advances for crop improvement [ J ]. J Proteomics, 93: 5–19.

Wen X H, Li Z J, Wang L L, Lu C F, Gao Q, Xu P, Pu Y, Zhang Q L, Hong Y, Hong L, Huang H, Xin H, Wu X Y, Kang D R, Gao K, Li Y J, Ma C F, Li X M, Zheng H K, Wang Z C, Jiao Y N, Zhang L S, Dai S L, 2022. The Chrysanthemum lavandulifolium genome and the molecular mechanism underlying diverse capitulum types [ J ]. Horticulture Research, Volume 9, uhab022, https://doi.org/10.1093/hr/uhab022.

Yang, Y. et al, 2014. A zinc finger protein regulates flowering time and abiotic stress tolerance in chrysanthemum by modulating gibberellin biosynthesis [ J ]. Plant Cell, 26: 2038–2054.

Yao X, Chu JZ, Ma CH, Si C, Li JG, Shi XF, Liu CN, 2015. Biochemical traits and proteomic changes in postharvest flowers of medicinal chrysanthemum exposed to enhanced UV–B radiation [ J ]. J Photochem Photobiol B, 149: 272–279.

Yang X D, Wu Y Y, Su J S, Ao N, Guan Z Y, Jiang J F, Chen S M, Fang W M, Chen F D, Zhang F, 2019. Genetic variation and development of a SCAR marker of anemone–type flower in chrysanthemum [ J ]. Molecular Breeding, 39: 1–12.

Zhang F, Chen S M, Chen F D, Fang W M, Chen Y, Li F T, 2011. SRAP–based mapping and QTL detection for inflorescence–related traits in chrysanthemum ( Dendranthema morifolium )[ J ]. Molecular Breeding, 27: 11–23.

Zhu W, Jiang JF, Chen S, Wang L, Xu LL, Wang HH, Li P, Guan ZY and Chen F, 2013. Intergeneric hybrid between Chrysanthemum x morifolium and Artemisia japonica achieved via embryo rescue shows salt tolerance [ J ]. Euphytica, 191: 109–119.